住房和城乡建设部"十四五"规划教材

中国建筑学会计算性设计专业委员会推荐教材

高等学校智慧建筑与建造专业系列教材

智慧建筑与建造导论

Introduction to
Smart Building
and Construction

孙 澄 编著

中国建筑工业出版社

出版说明

　　党和国家高度重视教材建设。2016年，中办国办印发了《关于加强和改进新形势下大中小学教材建设的意见》，提出要健全国家教材制度。2019年12月，教育部牵头制定了《普通高等学校教材管理办法》和《职业院校教材管理办法》，旨在全面加强党的领导，切实提高教材建设的科学化水平，打造精品教材。住房和城乡建设部历来重视土建类学科专业教材建设，从"九五"开始组织部级规划教材立项工作，经过近30年的不断建设，规划教材提升了住房和城乡建设行业教材质量和认可度，出版了一系列精品教材，有效促进了行业部门引导专业教育，推动了行业高质量发展。

　　为进一步加强高等教育、职业教育住房和城乡建设领域学科专业教材建设工作，提高住房和城乡建设行业人才培养质量，2020年12月，住房和城乡建设部办公厅印发《关于申报高等教育职业教育住房和城乡建设领域学科专业"十四五"规划教材的通知》（建办人函〔2020〕656号），开展了住房和城乡建设部"十四五"规划教材选题的申报工作。经过专家评审和部人事司审核，512项选题列入住房和城乡建设领域学科专业"十四五"规划教材（简称规划教材）。2021年9月，住房和城乡建设部印发了《高等教育职业教育住房和城乡建设领域学科专业"十四五"规划教材选题的通知》（建人函〔2021〕36号）。为做好"十四五"规划教材的编写、审核、出版等工作，《通知》要求：（1）规划教材的编著者应依据《住房和城乡建设领域学科专业"十四五"规划教材申请书》（简称《申请书》）中的立项目标、申报依据、工作安排及进度，按时编写出高质量的教材；（2）规划教材编著者所在单位应履行《申请书》中的学校保证计划实施的主要条件，支持编著者按计划完成书稿编写工作；（3）高等学校土建类专业课程教材与教学资源专家委员会、全国住房和城乡建设职业教育教学指导委员会、住房和城乡建设部中等职业教育专业指导委员会应做好规划教材的指导、协调和审稿等工作，保证编写质量；（4）规划教材出版单位应积极配合，做好编辑、出版、发行等工作；（5）规划教材封面和书脊应标注"住房和城乡建设部'十四五'规划教材"字样和统一标识；（6）规划教材应在"十四五"期间完成出版，逾期不能完成的，不再作为《住房和城乡建设领域学科专业"十四五"规划教材》。

　　住房和城乡建设领域学科专业"十四五"规划教材的特点：一是重点以修订教育部、住房和城乡建设部"十二五""十三五"规划教材为主；二是严格按照专业标准规范要求编写，体现新发展理念；三是系列教材具有明显特点，满足不同层次和类型的学校专业教学要求；四是配备了数字资源，适应现代化教学的要求。规划教材的出版凝聚了作者、主审及编辑的心血，得到了有关院校、出版单位的大力支持，教材建设管理过程有严格保障。希望广大院校及各专业师生在选用、使用过程中，对规划教材的编写、出版质量进行反馈，以促进规划教材建设质量不断提高。

住房和城乡建设部"十四五"规划教材办公室

2021年11月

　　纵观建筑发展的历史进程，建筑行业的变革往往由技术发展催生，并不断纳入新的信息维度。建筑不只是艺术性创作，更涉及功能、空间、环境等一系列自然科学和社会科学问题。近年来，随着人工智能技术的快速发展，以及建筑工业化、信息化的浪潮，传统建筑学科正经历着一场深刻变革，智慧建筑在人工智能时代背景下迸发出新的生命力。智慧建筑的理念贯穿了建筑全生命周期，体现在建筑设计、建造和运维等多个阶段。

　　本书是住房和城乡建设部"十四五"规划教材，归属于"高等学校智慧建筑与建造专业系列教材"。2023年在本套系列教材的编写会上，将其定为中国建筑学会计算性设计专业委员会推荐教材。本书从智慧建筑时代背景开篇，首先介绍了人工智能发展历程，剖析了建筑信息化与建筑工业化战略需求，进而对智慧建筑的发展历程、内涵、需求特点变革进行了系统介绍，以帮助读者构建智慧建筑概念框架。随后梳理了建筑全生命周期智慧化的三个重要阶段，即智慧设计、智慧建造和智慧运维，解析了各阶段涉及的主要理论、核心方法、前沿技术和工具平台。最后通过对智慧建筑设计、建造、运维阶段实践案例的介绍，展示建筑全生命周期智慧化成果，强化读者对于智慧建筑与建造实践应用前景的理解。本书系统阐述了智慧建筑与建造专业知识结构体系，为智慧建筑与建造新工科专业、建筑学及相关专业学生，以及从事相关研究与教学工作的学者与教师、建筑业从业人员，系统掌握智慧建筑与建造相关知识提供支持。

　　本书各章节安排如下：

　　第1章　智慧建筑的时代背景与内涵解析——本章详细介绍了智慧建筑产生和发展的相关时代背景，主要包含建筑工业化背景、建筑信息化背景以及人工智能时代三个方面，进一步剖析了智慧建筑概念形成的内在推动因素，系统解析了智慧建筑、建筑智慧设计、建筑智慧建造、建筑智慧运维等相关概念的内涵与外延，从人居环境、经济模式和全生命周期一体化融合三方面总结了智慧建筑的特点。

　　第2章　建筑智慧设计——本章从智慧设计的发展历程出发，结合人居环境系统理论、复杂性科学理论和建筑性能智能优化设计理论，总结了建筑智慧设计的理论基础，阐释了"自上而下""自下而上"和"性能驱动"三种典型的智慧设计理论与方法，以及环境信息集成建模、设计方案智慧生成、建筑性能映射建构和建筑方案智能决策等四方面的设计技术，并介绍了以环境信息集成工具、方案智慧生成工具、建筑性能预测工具和方案智能决策工具为代表的智慧设计工具。

　　第3章　建筑智慧建造——本章以智慧建造的发展历程和内涵解析为基础，介绍了以精益建造理论、批量定制理论和数字建构理论为代表的智慧建造理论，梳理了对应准备阶段、执行阶段和交付阶段的智慧建造方法，以及BIM、GIS、物联网、大数据等技术在智慧建造过程中的应用，并介绍了智慧工地管理工具、数字建造软件、数字建造设备和VR/AR工具四类智慧建造工具。

第 4 章　建筑智慧运维——本章从智慧运维的发展历程入手，介绍了智能控制理论、人与建成环境交互理论和建筑能量系统理论等三个重要的智慧运维理论，从安全与防灾、资源节约与利用、健康与舒适、服务与便利等角度阐释了智慧运维方法，总结了物联网、BIM、云计算和人工智能技术在智慧运维中的应用，并介绍了数据采集工具、信息集成工具、优化决策工具和智慧管控工具四类智慧运维工具。

第 5 章　智慧建筑案例——本章分别选取了智慧设计、智慧建造和智慧运维的典型案例，以及不同阶段有机衔接的综合案例，以实践案例分析为基础，介绍了智慧建筑相关理论、方法与技术在建筑全生命周期的具体应用。

感谢庄典、孙适、董琪、徐双雨、王天阳、尹日勇、邹明博、卢艳玲等在教材编写中所做的贡献。

智能时代背景下的智慧建筑发展对建筑从业者提出了更高的要求，同时也提供了新的技术支撑。在建筑智慧设计、建造、运维各阶段涌现出了一系列融合人工智能前沿技术的研究与实践成果，为智慧建筑的高效实施提供了切实保障。如果本书能够为智慧建筑及相关领域的发展做出一定的贡献，笔者将感到由衷的欣慰。

2024 年 9 月

第1章

IoT——物联网（Internet of Things）

VR——虚拟现实（Virtual Reality）

BIM——建筑信息建模（Building Information Modelling）

AR——增强现实（Augmented Reality）

TNA——推力线网络分析法（Thrust Network Analysis）

CNN——卷积神经网络（Convolutional Neural Networks）

RNN——循环神经网络（Rerrent Neural Network）

GAN——生成式对抗网络（Generative Adversarial Networks）

GA——遗传算法（Genetic Algorithm）

SVM——支持向量机（Support Vector Machines）

CAD——计算机辅助设计（Computer-Aided Design）

CAM——计算机辅助制造（Computer-Aided Manufacturing）

MR——混合现实（Mixed Reality）

EPC——设计采购施工总承包（Engineering Procurement Construction）

AI——人工智能（Artificial Intelligence）

第2章

CAAD——计算机辅助建筑设计（Computer-Aided Architecture Design）

SD——可持续发展（Sustainable Development）

GD——生成设计（Generative Design）

EA——进化建筑（Evolutionary Architecture）

BB——黑箱模型（Black Box）

EPBD——建筑能效指令（Energy Performance of Building Directive）

SC——软计算（Soft Computing）

SG——形状语法（Shape Grammar）

PL——模式语言（Pattern Language）

GNN——图神经网络（Graph Neural Networks）

LiDAR——激光雷达，全称激光探测和测距（Light Detection and Ranging）

MCDM——多准则决策（Mutltiple Criteria Decision Making）

CG——计算机图形学（Computer Graphics）

DBMS——数据库管理系统（Database Management System）

GIS——地理信息系统（Geographic Information System）

IFC——工业基础分类（Industry Foundation Classes）

HVAC——暖通空调系统（Heating，Ventilation and Air Conditioning）

MLP——多层感知机（Multilayer Perceptron）

LSTM——长短时记忆网络（Long Short-Term Memory）

GRU——门控循环单元（Gated Recurrent Unit）

VAE——变分自编码器（Variational Auto-Encoders）

TOPSIS——逼近理想解排序法（Technique for Order Preference by Similarity to Ideal Solution）

AHP——层次分析法（Analytic Hierarchy Process）

PROMETHEE——偏好顺序结构评估法（Preference Ranking Organization Method Forenrichment Evaluations）

SOM——自组织映射（Self-Organizing Map）

第 3 章

NFC——近场通信（Near Field Communication）

VE——价值工程（Value Engineering）

QFD——质量功能展开（Quality Function Deployment）

GPS——全球定位系统（Global Positioning System）

LoRa——远距离无线电（Long Range Radio）

NB-IoT——窄带物联网（Narrow Band Internet of Things）

LPWAN——低功耗广域网络（Low Power Wide Area Network）

CNC——数控机床（Computer Numerical Control Machine Tools）

SVR——支持向量回归（Support Vector Regression）

KNN——K 最近邻（K-Nearest Neighbor）

CGAN——条件生成对抗网络（Conditional Generative Adversarial Network）

SDK——软件开发工具包（Software Development Kit）

第 4 章

FM——设施管理（Facilities Management）

CNN——卷积神经网络（Convolutional Neural Networks）

RNN——循环神经网络（Rerrent Neural Network）

IT——信息技术（Information Technology）

IPS——室内定位系统（Indoor Positioning System）

BAS——楼宇自动化系统（Building Automation System）

CMMS——计算机化维护管理系统（Computer Maintenance Management System）

BEMS——建筑能源管理系统（Building Energy Management System）

EIC——电气仪表与控制系统（Electrical Instrumentation and Control System）

FDD——故障检测和诊断（Fault Detection and Diagnosis）

IaaS——基础设施即服务（Infrastructure-as-a-Service）

PaaS——平台即服务（Platform-as-a-Service）

SaaS——软件即服务（Software-as-a-Service）

TCP/IP——传输控制协议和网络协议（Transmission Control Protocol/Internet Protocol）

PM——预测性维护（Predictive Maintenance）

MPC——模型预测控制（Model Predictive Control）

RL——强化学习（Reinforcement Learning）

OSI——开放式系统互连参考模型 （Open System Interconnect）

BACnet——楼宇自动控制网络数据通信协议（Building Automation and Control Networks）

SQL——结构化查询语言（Structure Query Language）

INS——信息网络系统（Information Network System）

COBie——施工运营建筑信息交换标准（Construction Operation Building Information Exchange）

DSS——决策支持系统（Decision Support System）

IBMS——智能化集成系统（Intelligent Building Management System）

CAS——通信自动化系统 （Communication Automation System）

OAS——办公自动化系统 （Office Automation System）

FAS——消防自动化系统（Fire Automation System）

SAS——安保自动化系统（Security Automation System）

EMS——能源管理系统（Energy Management System）

PLC——可编程逻辑控制器（Programmable Logic Controller）

第5章

SUS——系统可用性量表（System Usability Scale）

OAP——照度过量面积百分比（Over Daylight Area Percentage）

PAP——照度不足面积百分比（Partially Daylight Area Percentage）

DGP——日光眩光概率（Daylight Glare Probability）

CM——累计运动量（Cumulative Movement）

SSIM——图像结构相似性算法（Structural Similarity Index）

VAV——变风量空调系统（Variable Air Volume System）

AHU——空气处理机组（Air Handling Unit）

IEQ——室内环境品质（Indoor Environmental Quality）

AM——注意力机制（Attention Mechanism）

PMV——预测平均评价（Predicted Mean Vote）

目 录

第1章
智慧建筑的时代背景与内涵解析

　　智慧建筑作为当今建筑领域的重要趋势，融合了多个关键因素，其发展背景反映了科技进步、可持续发展目标和城市化等多重因素的交织影响。建筑工业化是智慧建筑背后的重要驱动因素。建筑工业化采用了预制构件、模块化设计和数字化生产的方法，加速了建筑项目的进度，减少了浪费，提高了质量。建筑信息化借助先进的信息技术，可以实现建筑全生命周期的信息传递以及建筑系统的互联互通。人工智能技术的快速发展使得建筑可以具备智能感知、自动控制和预测分析的能力，为智慧建筑的产生和发展提供了基础。智慧建筑与建筑工业化、建筑信息化、人工智能等时代背景紧密结合，通过自动化流程的优化和建筑信息的集成，实现了更高效的建筑设计、建造和运维管理。我国的双碳政策促使建筑行业更加关注能源效率和环保，因此发展智慧建筑成为积极响应国家政策的重要手段。

1.1　建筑工业化背景

　　以工业化的方式重新组织建筑业是提高劳动效率、提升建筑质量的重要方式，也是我国未来建筑业的发展方向。建筑工业化的基本内容是：①采用先进、适用的技术、工艺和装备科学合理地组织施工，发展施工专业化，提高机械化水平，减少繁重、复杂的手工劳动；②采用现代管理方法和手段，优化资源配置，实行科学的组织和管理，培育和发展技术市场和信息管理系统。本节总体逻辑如图1-1所示。

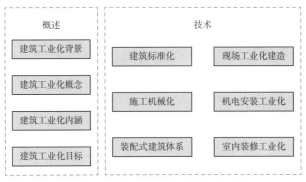

图 1-1　建筑工业化产业转型

1.1.1　建筑工业化概述

对于我国建筑工业化相关内容的概述将从我国建筑工业化背景、建筑工业化的概念、建筑工业化的内涵以及我国建筑工业化的发展目标等四个方面进行。

1）我国建筑工业化背景

随着我国经济发展和城镇化的推进，建筑业在长期大规模建设中取得了巨大的进步，成为国民经济的支柱产业，在改善居住环境、提升生活品质方面也发挥着重要的作用。但是传统的建筑建造模式也暴露出诸多问题，具体表现为技术水平落后、生产效率低下、质量通病凸显等，与社会快速增长的对建筑质量和规模的需求之间产生了突出的矛盾。此外，我国的建筑业发展也很不平衡，部分地区仍是传统的劳动密集型产业，以高能耗促发展，生产和管理模式相对落后，可持续发展难以实现。这些问题与矛盾迫使建筑业亟待转型，通过工业化、现代化的手段来改变其高能耗、低水平、不平衡的现状。

建筑工业化作为促进建筑业可持续发展的新型建筑生产方式，其发展有多方面的必要性。从国家层面来看，建筑业的转型升级有助于新型城镇化的建设，这也是我国现代化建设的重要战略任务；从社会层面来看，工业化、机械化的施工方式，可以改善工人工作环境，提高劳动生产率，平衡劳动力供需关系，解决建筑需求持续增长和劳动力逐步减少之间的矛盾；从行业层面来看，可以提升建筑业的技术水平，提高建设效率，减少资源能源消耗，有助于推动建筑业的可持续发展。因此，无论是从建筑业自身的发展要求来看，还是从外部的社会环境要求来看，建筑业向工业化方向的更新和升级都是必须和必然的。

2）建筑工业化的概念

按照联合国经济发展委员会的定义，工业化（Industrialization）包括：生产的连续性（Continuity）、生产物的标准化（Standardization）、生产过程各阶段的集成化（Integration）、工程高度组织化（Organization）、尽可能用机械代替人的手工劳动（Mechanization）、生产与组织一体化的研究与开发（Research & Development）。一般生产只要符合以上一项或几项都可称为工业化生产，而不仅限于建造工厂生产产品。当然工业化本身也有实现程度和发展水平高低的差异，是一个从低级到高级不断发展的过程。

建筑工业化概念最早出现在 1940 年代。第二次世界大战结束后，英国、法国、苏联等国家为尽快解决国民住房问题，开始在住房建设体制和住房设计方面进行工业化改革和创新，使建筑工业化从理想变成了现实。我国最早提出建筑工业化是在 1950 年代，迄今已经走过 60 多年的曲折发展历程。建筑工业化不只是一个概念，经历了几十年的发展和演变，各种组织、个人依照不同理解认识，所下定义很多。

1974 年联合国发布的《政府逐步实现建筑工业化的政策和措施指引》中定义，建筑工业化（Building Industrialization）是指按照大工业生产方式改造建筑业，使之逐步从手工业生产转向社会化大生产的过程。它的基本途径是建筑标准化、构配件生产工厂化、施工机械化和组织管理科学化，并逐步采用现代科学技术的新成果，以提高劳动生产率、加快建设速度、降低工程成本、提高工程质量。

1978 年我国明确提出了建筑工业化的概念，即"用大工业生产方式来建造工业和民用建筑"，并提出"建筑工业化以建筑设计标准化、构建生产工业、施工机械化以及墙体材料改革为重点"。

1995 年我国出台《建筑工业化发展纲要》，将建筑工业化定义为"从传统的以手工操作为主的小生产方式逐步向社会化大生产方式过渡，即以技术为先导，采用先进、适用的技术和装备，在建筑标准化的基础上，发展建筑构配件、制品和设备的生产。培育技术服务体系和市场的中介机构，使建筑业生产、经营活动逐步走上专业化、社会化道路"。

2011 年纪颖波在其所著《建筑工业化发展研究》中把建筑工业化定义为，"以构配件预制化生产、装配式施工为生产方式，以设计标准化、构件部品化、施工机械化为特征，能够整合设计、生产、施工等整个产业链，实现建筑产品节能、环保、全生命周期价值最大化的可持续发展的新型建筑生产方式"。

2020 年李忠富在其所著《建筑工业化概论》中把建筑工业化定义为，"建筑工业化是指通过工业化、社会化大生产取代传统建筑业中分散的、低效率的手工作业方式，实现住宅、公共建筑、工业建筑、城市基础设施等建筑物的建造，即以技术为先导，以建筑成品为目标，采用先进、适用的技术和装备，在建筑标准化和机械化的基础上，发展建筑构配件、制品和设备的配套供应，大力研发推广工业化建造技术，充分发挥信息化作用，在设计、生产、施工等环节形成完整的有机产业链，实现建筑物建造过程的工业化、集约化和社会化，从而提高建筑产品质量和效益、实现节能减排与资源节约"。

3）建筑工业化的内涵

在建筑工业化发展的几十年里，建筑工业化的内涵一直随着时代的发展而变迁。在信息技术高度发达、追求可持续发展的当代社会，建筑工业化与几十年前的发展模式有很大不同。

（1）建筑工业化是生产方式的深刻变革，是摆脱传统发展模式路径依赖的工业化。建筑工业化是以科技进步为动力，以提高质量、效益和竞争力为核心的工业化。

（2）建筑工业化是工业化与信息化深度融合的现代工业化。其借助信息技术强大的信息共享能力、协同工作能力和专业任务能力，与建设标准化、工业化和集约化相结合，促进工程建设各阶段和各主体之间充分共享资源，有效避免各专业、各行业间不协调问题，提高工程建设的精细化程度、生产效率和工程质量。

（3）建筑工业化工程建设实现了社会化大生产的工业化。建筑工业化就是将工程建设纳入社会化大生产范畴，使工程建设从传统粗放的小生产方式逐步向社会化大生产方式过渡。而社会化大生产的突出特点就是专业化、协作化和集约化。发展新型建筑工业化符合社会化大生产的要求。

（4）建筑工业化是整个行业的先进的生产方式，最终产品是成品的房屋建筑。它不仅涉及主体结构，而且涉及围护结构、装饰装修和设施设备。它不仅涉及科研设计，而且涉及部品及构配件生产、施工建造和开发管理的全过程的各个环节。

（5）建筑工业化是实现绿色建造的工业化。在能源短缺、环境污染严重、人口增长过快的当今世界，建筑产品及其生产都必须是节能、节地、节省材料、保护环境的，这给建筑工业化提出了更高的要求。为此，在建筑工业化过程中优化资源配置，最大限度地节省资源、保护环境和减少污染，为人们营造健康、适用的房屋也是工业化的重要目标之一。

（6）建筑工业化并不意味着一定要建预制工厂生产产品，将先进、适用、成熟、经济的技术大量地推广应用也是工业化的重要途径之一。这种意义上的工业化更接近于"产业化"的概念。

（7）建筑工业化是包容性的发展方式，不仅包含工厂化预制装配，也包括施工现场的过程工业化方式，这是建筑产品本身的特性决定的。因此建筑工业化不能走"单打一"的预制装配之路，不应该排斥任何有益于建筑工业化发展的途径。建筑工业化路径是多种多样的，适合不同条件、不同状况的工业化实施。

4）我国建筑工业化的发展目标

（1）建设优质的成品建筑。以建设成品建筑为目标，建筑生产从手工操作转向以工业化建设，并以此打造建筑成品生产的工业化基础。通过工业化的建设生产，提高建筑产品质量水平，显著减少建筑质量通病，提高建筑的保温节能、健康、适老和居住舒适性能，并为此建立建筑标准化体系，形成标准化、系列化的建筑构配件、设备部品和建筑成品，实现主要建筑设备、构配件和部品的标准化和工业化生产。

（2）提高效率，减少人工。通过应用先进、适用、成熟的工业化建设技术，在（相对）不提高成本的前提下加快工程进度，缩短建设周期，提高建设效率，并减少对人工（尤其是熟练的传统技术工人）的依赖。

（3）确保安全，减少对环境的影响。在工业化建设过程中，必须保证建筑结构安全和施工安全，这是工业化推进的基本原则，为此要深入进行前期研究开发和实验，并在工程中进行试用检验，待技术成熟后再推广应用，还要加强建设过程管理，提高施工过程中的安全性；同时也要减少工程建设过程中的能源消耗、材料消耗和水资源消耗等，减少噪声、粉尘等对环境造成的不利影响。

1.1.2　建筑工业化技术

本小节主要从建筑标准化、施工机械化、装配式建筑体系、现场工业化建造、机电安装工业化和室内装修工业化等六个方面介绍建筑工业化技术。

1）建筑标准化

标准化是现代制造业与现代工业的基础，没有标准化的制造业难以实现现代化与工业化。与制造业类似，在建筑工业化进程中，标准化也是不可缺少的环节，没有标准化，就不可能实现建筑工业化。然而由于建筑业与制造业相比，存在很多特殊性，建筑业的标准化也必须秉承其自身的特点，以适应建筑业长期有效的发展。

建筑标准化可以定义为，建筑相关企业之间关于各类建筑物、构筑物及其零部件、构配件、设备系统的设计、施工、材料使用以及验收标准的技术协议与管理模式的统一化、协调化过程。通过建筑标准化，可以促使不同的建筑相关企业按照共同的标准，在同一座建筑物的建造过程中，进行建筑设计、零部件的生产、建筑施工，并最终"合成"一座完整的、具有特定使用功能与效果的建筑物。

建筑标准以及建筑标准化对于建筑业的意义非常重大。建筑标准保证了建设过程有据可依，建筑的质量检验有章可循；而建筑的标准化则有效消除了企业之间由于技术差异、标准差异所形成的技术壁垒，促使企业之间可以在更大的范围内展开协作。

建筑标准化对于建筑工业化的意义可以体现在以下几个方面：①标准化促进了建筑业的专业化，建筑标准化意味着各建筑企业操作标准的一致性、产品标准的协调性；②标准化将促进建筑业的市场竞争，提高建筑产品质量；③标准化将提高建筑产品的集中度，实现规模化生产与供应并降低成本与价格；④标准化将促进建筑产品的多样化，满足更多差异化的市场需求。因此，没有标准化就没有专业化，就没有规模化，就不会实现低成本，也没有最终的工业化，更不能满足更加广泛的社会需求。

2）施工机械化

建筑施工机械化是指在建筑施工中将手工操作转变为机器操作的过程，即利用机械或机具来代替繁琐和笨重的体力劳动以及施工任务，它是建筑业生产技术进步的一个重要标志，是衡量施工技术水平的重要指标，也是建筑工业化的重要内容之一。建筑施工机械化既是经济社会发展的客观需求，也是建筑施工提高效率、解放劳动力、建筑产业升级的必由之路。施工机械化涉及诸多领域，如土方工程机械化施工、隧道工程机械化施工、桥梁机械化施工、混凝土机械化施工钢结构机械化施工、钢筋工程机械化施工、预制装配工程机械化施工、大型构配件和装配吊装机械化施工等。

施工机械化包括建筑施工设备和建筑施工技术两部分工作内容，二者互为依存、相互促进，机械设备为施工机械化提供硬件支撑，施工技术为施工机械化提供软件支持。建筑施工走机械化道路是建筑产品的固定性、个性化、高、大、重和生产流动性等特点决定的。施工机械化除使用施工机械来安装大型构配件外，还可以脱离构配件标准化、工厂化独立存在。

3）装配式建筑体系

根据国家标准《装配式建筑评价标准》GB/T 51129—2017，装配式建筑是指由预制部品部件在工地装配而成的建筑。预制装配的范围包括结构、外围护、内装和设备管线等。装配式建筑自古有之，并随着近代工业化的发展而发扬光大。

装配式建筑按材料可分为装配式混凝土建筑、装配式钢结构建筑、装配式木结构建筑以及装配式组合建筑；按高度有低层、中层、高层和超高层装配式建筑；按预制装配率可分为局部装配建筑、低装配建筑、中等装配建筑、高装配建筑、超高装配建筑和全装配建筑（95%以上）。

装配式建筑将一部分建造工作由现场转移到工厂，有助于提升建筑质量和效率、改善建筑施工条件与环境，对节能减排、节省劳动力等具有重要作用。但装配式建筑改变了原有的生产流程，对整个建造过程的技术与管理提出了严格的要求。理论上各种材料结构都可以装配。装配式是建筑工业化的途径之一。

4）现场工业化建造

现场工业化建造是指在建筑生产现场对建筑生产对象进行工业化生产的方式，它把施工现场看成建筑产品生产的"工厂"，在整个建设过程中采用通用施工机械或调用机械设备代替人的手工劳动，该过程是信息、物流、技术和管理在施工现场的高度集成。

现场工业化考虑建筑产品及生产的特点，考虑钢筋混凝土等材料在中高层施工的特点，不采用分散化的混凝土预制构件的工厂生产和构件运输环节，比预制装配式方式一次性投入少、适应性强、结构整体性强。但目前该施工方式还存在现场用工量比装配式大、所用模板比预制的多、施工容易受到季节时令的影响、全自动化施工过程还未成形等问题，建造技术一直处于不断发展的过程中。

5）机电安装工业化

机电安装工程是建筑工程的重要组成部分，涵盖了工业、民用、公用工程中的各类设备、电气、给水排水、采暖、通风、消防、通信及自动化控制系统的安装。机电安装工程的施工活动覆盖设备采购、安装、调试、试运行、竣工验收等各个阶段，最终以满足建筑物的使用功能为目标。

从实现工业化的角度分析，机电安装工程具有以下特点：①精细化设计。机电工程涉及的专业众多，就传统的民用机电安装项目来说就包括电气、给水排水、暖通、智能化、电梯等分部工程，再细分每一分部工程，涵盖的专业内容就更多。依托建筑信息模型（BIM）工具，可以通过具体的专业模型，利用第三方软件进行模块化分解，设计出合理的预制加工工艺图。②工序模拟化。由于三维模型的可视化强，可以利用模型通过自身或第三方软件来进行工序模拟，在虚拟环境中全部或局部地进行建造，通过虚拟建造提前分析正式施工时某个部位或某个环节施工可能会出现的问题。③工厂化制作。提供预制加工工艺图给工厂，工厂按照预制加工工艺图利用先进的生产线进行加工，相同的部件可以采用模块化批量生产，生产完成后运输至现场进行装配化施工，对全过程进行质量和安全的监测控制。④机械化施工。让更多的手工作业方式转变为机械作业为主的方式，降低作业人员劳动强度，减少作业人员数量。⑤信息化管理。信息化管理是指在建设项目建造过程中，采用信息化手段，为决策、行动、结果检测提供科学化的依据。

6）室内装修工业化

室内装修工业化是指在建筑内部空间装修的过程中，应用标准化、模数化、精细化等先进设计技术，大量采用工厂化生产的部品与成品通用材料，综合运用干法施工与装配方式，并由产业工人按照标准工艺与工法完成室内装修施工的模式。

与传统装修相比，室内装修工业化的优势在于：①综合运用干法施工与装配式方式，提高了装修施工效率，减少了传统施工工艺中存在的大量湿作业，也减少了建筑材料的浪费以及现场建筑垃圾的产生；②加强了对现场不同专业人员的规范管理，工人按照标准工艺进行作业，减少了由参差不齐的人工作业导致的施工质量问题，有效提升了室内装修的品质与施工效率；③部品在工厂制作生产，可有效解决施工生产的误差和模数接口问题，全面保证产品的质量和性能；④采用了架空层布线与集中管井等方法，避免了传统装修将管线埋设到结构体内所造成的安全隐患，降低了后期维护和改造的难度；⑤成套部品和新型施工工艺的应用与用户参与式设计结合，着眼于用户远期和近期的综合需求，避免二次装修带来的一系列问题。

1.1.3 建筑工业化与智慧建筑的联系

建筑工业化不仅为智慧建筑提供了必要的技术和方法论基础，还通过其产业链的现代化和技术革新，直接推动了智慧建筑的快速发展。这种从设计、建造到运维的全流程革新，标志着建筑行业在应对现代社会需求和挑战中的逐步进化。二者之间的联系包含以下几个方面。

1）建筑工业化为智慧建筑提供技术和物质基础

建筑工业化通过推广预制技术、模块化建造和标准化生产，为智慧建筑提供了坚实的物质和技术基础。预制构件的生产过程允许在工厂环境中集成先进的信息技术和通信设施。例如，智能传感器和自动控制系统可以在元件制造阶段就被嵌入，从而在建筑组装时即刻实现智能化功能。

2）加速智慧建筑设计、建造和运维过程技术的整合

在建筑工业化的推动下，建筑设计、建造和运维过程趋向于更加系统化和数字化。这种趋势促使建筑行业在设计和建造阶段就开始考虑如何整合物联网（IoT）、大数据分析和人工智能技术。例如，使用数字化工具如 BIM 技术，可以在设计阶段模拟建筑的能源效率和居住舒适度，预先规划智能系统的布局和功能。

3）促进智慧建造过程的效率和精准性

建筑工业化的核心优势之一是提高建造效率和精准性，这为智慧建筑的实现创造

了条件。高效精准的建造过程减少了资源浪费和施工错误，使得整个建筑的能源管理和智能化系统更加高效。这种精准性也使得智慧建筑能够更准确地收集数据、监控环境，并实现自动化管理。

4）推动智慧建筑可持续发展目标的实现

建筑工业化的发展，强调资源的高效使用和环境影响的最小化，这与智慧建筑的可持续发展目标高度一致。通过在建筑元件中集成可再生能源技术（如太阳能板）和高效能源系统，智慧建筑能够实现能源自给自足，大幅度降低碳排放，这一过程得益于建筑工业化提供的技术和方法。

习题：

1. 按照联合国经济发展委员会的定义，工业化包括：（　　　）、（　　　）、（　　　）、（　　　）、（　　　）、（　　　）。

2. 简述我国建筑工业化的发展目标。

3. 简述建筑标准化对于建筑工业化的意义。

思考题：

装配式建筑体系和现场工业化建造的适用情况有哪些区别？

1.2　建筑信息化背景

建筑信息化在当代建筑行业中扮演着至关重要的角色。它不仅提高了建筑项目的效率和质量，还有助于实现可持续发展目标、改善用户体验，并为建筑决策提供数据支持。在信息技术不断进步的背景下，建筑信息化将继续发展和演变，为建筑行业带来更多创新和机会，本节总体逻辑如图 1-2 所示。

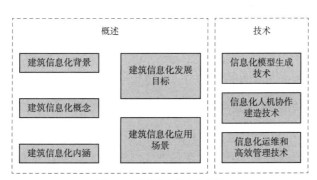

图 1-2　建筑信息化产业升级

1.2.1　建筑信息化概述

本小节主要从建筑信息化的背景、概念、内涵、发展目标和应用场景等五个方面，对建筑信息化进行概述。

1）我国建筑信息化背景

我国建筑信息化是在当前时代背景下蓬勃发展的重要领域之一。当前，我国正处于快速城市化和工业化的进程中，建筑业作为国民经济的支柱产业之一，扮演着举足轻重的角色。与此同时，信息技术的飞速发展为建筑信息化提供了强大的技术支持，这一趋势在我国得到了政府支持和鼓励。我国政府提出的"智能制造"和"智慧城市"战略，以及对可持续发展的强烈关注，都推动了建筑信息化的发展。建筑信息化在我国的应用已经深刻影响着建筑行业的方方面面，从设计、施工到运营和维护，都得以从中受益。

此外，我国建筑信息化也在应对城市化带来的挑战上发挥着关键作用。我国城市人口不断增加，城市规模扩大，这带来了对住房、交通、基础设施等方面的巨大需求。建筑信息化可以提高建筑工程的效率，加快建设进程，同时优化城市规划和管理，提升城市居民的生活质量。因此，我国建筑信息化在实现可持续城市发展、解决城市问题上具有重要意义。

2）建筑信息化的概念

建筑信息化是以信息技术为基础，构建建筑信息系统的逻辑层级结构与建筑信息系统内信息之间的拓扑关系，以及处理建筑信息系统与系统外信息流之间的拓扑交互的过程。在建筑信息化的概念中，涉及了建筑信息系统、逻辑层级结构、建筑信息的拓扑关系等相关概念。

建筑信息系统是一种多维信息系统，由建筑信息模型中的各种建筑信息组成。这些信息被有序地组织成具有逻辑层级结构的体系，并且信息之间存在拓扑关系。这个系统不仅包含建筑的几何形状和空间关系，还包括建筑元素的属性、性能数据、工程计划、成本估算等多种信息。建筑信息系统用于建筑设计、施工、管理和维护等各个阶段，为建筑行业提供了全面而可视化的信息支持，有助于提高效率和质量。

建筑信息模型是建筑信息化的重要核心技术，本质上是在建筑生产过程中发生的建筑信息化过程，是一个具有特定结构特点的信息系统的创建过程，也是建筑信息学研究的一部分。凡是需要和建筑"交换信息"的技术，理论上都是建筑信息学的研究对象。建筑信息学包含的范围很广，可以说一切和建筑信息的创建、存储、翻译、解读、传递与表达相关的领域都属于建筑信息学，建筑信息化设计技术、建筑 VR 技术、RFID 建筑施工装配和组织技术、先进的建筑智慧运维技术等都属于建筑信息学的研究范围。

逻辑层级结构是一种信息组织方法，用于明确事物、概念或数据之间的层次和关系。它通过将信息按照不同的层次、从属和依附关系划分成不同的级别，以帮助人们更好地理解和处理复杂的信息体系。在逻辑层级结构中，通常会存在多个级别，每个级别都代表了一种抽象或特定的概念。这种结构使信息可以按照其所属的级别进行分类和组织，使得查找、理解和管理信息变得更加简单和高效。

建筑信息的拓扑关系是系统结构之间的逻辑关系，具有唯一性和固定性。在建筑信息系统中两个信息之间只有联系逻辑是固定的，因此整个流程发生变化时，即使信息的位置发生巨大变化，但在信息逻辑不发生变化的情况下，最终整个系统和输出的结果也会保持不变，这种信息之间的关联模式就是建筑信息系统的拓扑关系。

3）建筑信息化的内涵

建筑信息化通过整合信息技术、数据共享、可持续性、智能化和全生命周期管理，旨在提高建筑行业的效率、质量和可持续性，推动建筑领域的数字化和智慧化转型。建筑信息化是一种综合性概念，包括以下内涵。

（1）整合性管理。建筑信息化强调整合各个建筑项目阶段的数据、信息和流程，包括设计、施工、运营和维护。这有助于提高项目的协同性和一体化管理，减少信息孤岛和数据断层。

（2）数字化建模。建筑信息化核心之一是数字化建模，即建筑信息建模。建筑信息模型包括了建筑的几何形状、材料属性、结构、设备信息等多方面数据，使得建筑项目能够以三维或多维方式进行可视化呈现和管理。这有助于改进设计决策、冲突检测和可视化沟通。

（3）数据驱动的决策。建筑信息化通过数据收集、分析和应用，支持决策制定。这包括了利用大数据分析、模拟和预测技术，帮助项目管理者做出更明智的决策，如资源分配、进度计划和成本控制。

4）我国建筑信息化的发展目标

建筑信息化是一种综合性的管理和运营模式，旨在通过信息技术的应用来提高建筑项目的效率、质量、可持续性和可管理性。我国建筑信息化的发展目标包括以下几个方面。

（1）数字化建筑设计与施工。实现数字化建筑设计和施工过程，推广建筑信息模型的应用，以提高设计效率、降低施工成本和减少工程质量问题。

（2）智慧建筑与智慧化系统。发展智慧建筑技术，包括自动化控制、智能照明、安全监控和能源管理系统，提高建筑的能效和用户体验。

（3）全生命周期管理。强调建筑信息化的应用不仅限于建设阶段，还包括建筑的运营、维护和拆除，实现建筑全生命周期管理，提高建筑资产的价值和效益。

（4）信息技术与互联网融合。将信息技术与互联网相结合，实现建筑物联网的应用，实现建筑设备的远程监测、诊断和控制。

（5）可持续建筑与绿色设计。倡导绿色建筑设计和可持续建筑实践，减少资源消耗、降低环境影响，提高建筑的环境友好性。

5）建筑信息化应用场景

建筑信息化涉及建筑全生命周期的多个方面，其应用场景主要包括数字建模、数据整合与共享、建筑性能分析、全生命周期管理以及数据决策和分析支持，具体情况如下所示。

（1）数字建模。建筑信息化的核心之一是数字建模，即建筑信息建模。建筑信息模型是建筑项目的数字化表示，包括建筑的几何形状、结构、设备、材料、时间和成本等多个维度的信息。BIM模型不仅用于可视化建筑设计，还支持设计决策、工程分析、冲突检测、成本估算和项目管理。

（2）数据整合与共享。建筑信息化要求各个项目参与方共享建筑项目的数据和信息。这包括设计文档、建筑模型、进度计划、成本估算、能源消耗数据等多种信息。通过数据整合和共享，不同专业团队和利益相关方可以更好地协同工作，减少信息孤岛，提高决策的准确性和及时性。

（3）建筑性能分析。建筑信息化引入建筑性能分析工具，用于模拟建筑的能源消耗、采光、通风、结构等性能。这有助于建筑师和设计师优化建筑设计，以实现建筑更高的性能和可持续性。

（4）全生命周期管理。建筑信息化将建筑项目的管理范围扩展到全生命周期，包括设计、施工、运营和维护。这使得建筑信息模型不仅用于设计和建设，还用于建筑的后续运营和维护。建筑信息化有助于实现建筑项目的可持续性和长期价值。

（5）数据分析和决策支持。建筑信息化利用大数据分析技术，便于处理和分析从建筑项目中收集的大量数据。这些数据可以用于资源优化、成本控制、风险管理和性能改进。通过数据分析，建筑项目的决策者可以更好地了解项目的运行情况，从而做出相应的决策。

1.2.2　建筑信息化技术

从数字到形式，再到建造与运维的一体化流程中，人机协作的模式可以处理其中的转译过程。一般来说，虚拟三维模型的数字设计与数字建造之间存在衔接的缺失，而建筑信息化在建筑全生命周期内能够成为计算化设计、数字化建造、智慧化运维的联结核心，同时指导设计、建造和运维。建筑信息化技术可体现在以下几个方面。

1）信息化模型生成技术

信息化模型生成中，可采集实景网格并与支持工程的 3D 网格进行比较，将模型与实景做对比，如 ContextCapture 移动应用程序。在数字与物质世界内在逻辑的建立中，建筑结构性能化技术能够提高建筑结构性能、安全性和可持续性，如推力网络分析（TNA）技术。

2）信息化人机协作建造技术

计算机辅助设计和制造（CAD/CAM）技术使得建筑构件的精确制造成为可能，降低了生产成本，提高了制造质量。虚拟现实（VR）和增强现实（AR）应用于建筑施工，为工人提供了实时的虚拟训练和指导，减少了事故风险，提高了工作效率。大数据分析技术可用于监测施工进度和资源分配，优化工程管理和决策。在人机协作的建造技术的发展过程中，可以按照各方需求进行设计与研发，同时包含了工艺包和机械臂的实时通信功能，如 FURobot。

3）信息化运维和高效管理技术

建筑信息化在运维阶段通过物联网传感器、大数据分析、维护管理软件等技术的应用，实现了设备状态监测、能源消耗优化、安全监控、维护计划管理和预测性维护等功能。信息化与环境性能化模拟技术结合能对建筑的风、光、热环境进行有效分析，并与云计算平台结合，实现真实环境与虚拟环境的同步，大幅提升针对 VR/AR/MR 的应用体验。

1.2.3　建筑信息化与智慧建筑的联系

建筑信息化在现代建筑实践中扮演了极其关键的角色，它不仅优化了建筑设计和建造流程，而且为智慧建筑提供了强大的技术支持和创新动力，使得建筑行业能够在提高效率和用户体验的同时，也更好地应对现代社会对环境可持续性和技术集成的需求。二者之间的联系包含以下几个方面。

1）为智慧建筑提供技术平台

建筑信息化通过 BIM 等工具在设计阶段就能集成各种智能系统的配置，如能源管理系统、自动化控制系统和安全监控系统。这种技术集成为建筑的智能化操作提供了必要的基础和平台，使得建筑从一开始就具备成为智慧建筑的潜能。

2）促进智慧建筑设计与建造过程的精确性和高效性

建筑信息化使设计和施工过程更加精确和高效。利用 BIM 技术，设计师可以在虚拟环境中进行建筑设计、模拟和分析，提前预见并解决可能发生的设计和施工问题。这种高效的预模拟和问题解决机制直接支持了智慧建筑技术的融合和应用，如确保建筑设计自始至终支持高效的能源利用和环境管理。

3）优化智慧建筑运维过程的管理效率和用户体验

智慧建筑的一个核心特性是其在运营阶段的高效能管理和用户体验优化。建筑信息化通过实时数据收集和分析（借助于传感器、物联网和云计算技术），使得建筑管理者能够实时监控能源消耗、环境质量和安全状态，从而动态调整建筑运行设置以优化性能和舒适度。此外，通过集成的智能系统，建筑可以根据外部气候条件和室内使用情况自动调节能源使用，从而减少浪费并提高能源效率。

习题：

1. 建筑信息化是以（　　　　）为基础，构建建筑信息系统的逻辑层级结构与建筑信息系统内信息之间的（　　　　）关系，以及处理（　　　　）与（　　　　）之间的（　　　　）的过程。

2. 简述建筑信息化、智慧建筑和自动化三个概念之间的联系。

3. 简述从建筑全生命周期的角度，建筑信息化技术可体现在哪些方面。

思考题：

建筑工业化与建筑信息化的区别和联系是什么？

1.3　人工智能时代背景

人工智能在国内外经历了曲折的发展历程，相关研究在不断地相互影响中共同发展，且近年来均呈现出爆发式的发展趋势。前沿技术的出现与更新为人工智能在各行各业中的应用奠定了坚实的基础，也为建筑领域的发展起到了重要的推动作用。本节内容的主要框架如图 1-3 所示。

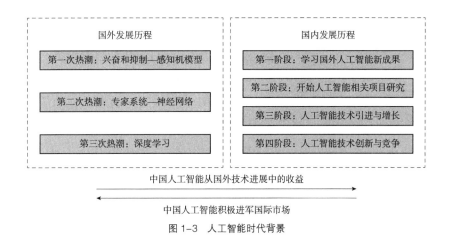

图 1-3　人工智能时代背景

1.3.1　人工智能发展历程

1）国外发展历程

人工智能的发展历程始于 1956 年的达特茅斯会议，以达特茅斯会议为起点，人工智能的发展历程经历了三次发展热潮，分别为 1950 年代至 1960 年代、1970 年代至 1990 年代和 2010 年代至今，如图 1-4 所示。达特茅斯会议被视为人工智能领域的奠基之石，标志着人工智能正式成为一个学科，会议由约翰·麦卡锡（John McCarthy）、马文·明斯基（Marvin Minsky）、纳撒尼尔·罗切斯特（Nathaniel Rochester）和克劳德·香农（Claude Shannon）等科学家组织召开。

第一次人工智能发展热潮出现在 1950 年代至 1960 年代，这是人工智能的早期发展阶段，里程碑式的成果是神经元"兴奋"和"抑制"工作方式的发现以及"感知机"模型。1959 年，分段划分被引入到符号域的数据处理中，促进了符号主义的

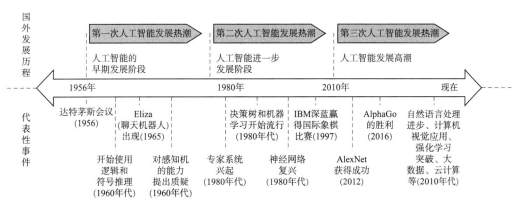

图 1-4　国外发展历程

发展。这一时期，人工智能科学家们认为可以研究和总结人类思维的普遍规律并用计算机模拟它的实现，并乐观地预计可以创造一个万能的逻辑推理体系。然而，由于计算能力和数据不足，明斯基出版的《感知机：计算几何学》(*Perceptrons: An Introduction to Computational Geometry*) 一书指出，当时的人工智能研究甚至不能解决一些简单的二分类问题，而其他人工智能技术的进展也遭遇了瓶颈，使得人工智能进入了第一个寒冬。

第二次人工智能发展热潮出现在 1970 年代至 1990 年代。1977 年第五届国际人工智能联合会会议的特约文章《人工智能的艺术：知识工程课题及实例研究》(The Art of Artificial Intelligence：Themes and Case Studies of Knowledge Engineering) 中系统地阐述了专家系统的思想并提出"知识工程"的概念。至此，人工智能的研究又有新的转折点，此后符号主义以"if-then"为代表的专家系统逐渐兴起。1986 年，连接主义学派找到了新的神经网络训练方法，即利用反向传播技术来优化神经网络的参数，二分类问题因此得以解决。但好景不长，科学家们发现"if-then"的规则容易出现组合爆炸问题，即无法穷尽可能的规则。而 1995 年提出的统计学习理论，既有严密理论又有完美算法支持，让理论方面存在不足的连接主义再次淡出视野。

第三次人工智能（AI）发展热潮出现在 2010 年代至今。2012 年，在 ImageNet 竞赛中，深层网络模型 AlexNet 显著地将识别性能提高了近 10 个百分点。第三次 AI 热潮的关键事件之一是深度学习的崛起。深度学习是一种基于深度神经网络的机器学习方法，以多层次的神经元网络为基础，能够自动从数据中学习特征和模式。深度学习在图像识别、自然语言处理、语音识别等领域取得了巨大的成功。此外，人工智能也在物联网领域应用广泛，实现家具智能化、城市智能化和工业自动化等。人工智能、大数据和机器学习算法的相互结合优化了建筑系统性能，并且新兴的人工智能算法和技术能够有效指导和帮助从事智慧建筑工作的工程师和建筑师，如"B-smart"技术。

2）国内发展历程

与国际上人工智能的发展情况相比，国内的人工智能研究不仅起步较晚，而且发展道路曲折坎坷。直到改革开放之后，我国的人工智能才逐渐走上发展之路，国内人工智能的发展可大致分为四个阶段，分别为 1970 至 1980 年代、1980 至 1990 年代、2000 至 2010 年代和 2010 年代至今，如图 1-5 所示。

（1）第一阶段为 1970 至 1980 年代。这一阶段国内人工智能主要学习国外人工智能发展的新成果。自 1980 年起我国大批派遣留学生赴西方发达国家研究现代科技，学习科技新成果，其中包括人工智能和模式识别等学科领域。在这一阶段，我国政府

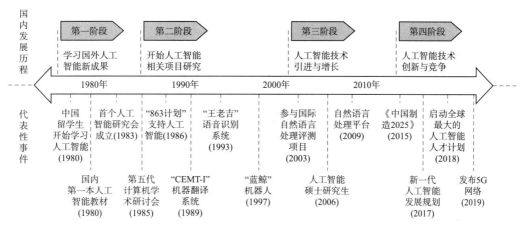

图 1-5　国内发展历程

开始关注科技创新，并鼓励科学家和工程师进行实验性研究。尽管起步较晚，但我国的科研人员积极参与了国际科技合作，开始引进国际上的人工智能技术。1981 年 9 月，中国人工智能学会（CAAI）在长沙成立，于光远在大会期间主持了一次大型座谈会，讨论有关人工智能的一些认识问题。1982 年，我国人工智能学会刊物《人工智能学报》在长沙创刊，成为国内首份人工智能学术刊物。

（2）第二阶段为 1980 至 1990 年代。这一阶段国内的人工智能发展开始步入正轨，并开始人工智能相关项目的研究。国防科工委于 1984 年召开了全国智能计算机及其系统学术讨论会，1985 年又召开了全国首届第五代计算机学术研讨会。1986 年起把智能计算机系统、智能机器人和智能信息处理等重大项目列入国家高技术研究发展计划（863 计划）。1987 年，《人工智能及其应用》公开出版，成为国内首部具有自主知识产权的人工智能专著。接着，我国首部人工智能、机器人学和智能控制著作分别于 1987 年、1988 年和 1990 年问世。自 1993 年起，智能控制和智能自动化等项目被列入国家科技攀登计划。

（3）第三阶段为 2000 至 2010 年代。这一阶段国内的人工智能进入蓬勃发展时期，人工智能技术被引进的同时也得以快速增长。更多的人工智能与智能系统研究课题获得国家自然科学基金重点和重大项目、国家高技术研究发展计划（863 计划）和国家重点基础研究发展计划（973 计划）项目、科技部科技攻关项目、工信部重大项目等国家基金计划支持，并与我国国民经济和科技发展的重大需求相结合，力求为国家做出更大贡献。这方面的研究项目很多，代表性的研究有视觉与听觉的认知计算、面向 Agent 的智能计算机系统、中文智能搜索引擎关键技术、智能化农业专家系统、虹膜识别、语音识别、人工心理与人工情感、基于仿人机器人的人机交互与合作、工程建设中的智能辅助决策系统、未知环境中移动机器人导航与控制等。

（4）第四阶段为 2010 年代至今。这一阶段国内的人工智能研究与应用已空前开展，人工智能技术在我国得到创新并参与国际技术竞争。2014 年，习近平总书记在中国科学院第十七次院士大会、中国工程院第十二次院士大会开幕式上，作为党和国家最高领导人，首次对人工智能和相关智能技术进行高度评价，这是对开展人工智能和智能机器人技术开发的庄严号召和大力推动。《中国制造 2025》《"互联网 +"人工智能三年行动实施方案》等文件的发布与施行，体现了我国已把人工智能技术提升到国家发展战略的高度，为人工智能的发展创造了前所未有的优良环境。2010 年代至今，我国在人工智能领域取得了巨大的进展，成为全球领先的人工智能创新国家之一，我国还积极参与国际人工智能合作，与国外企业和研究机构共同推动人工智能的全球发展。

3）国内外人工智能发展的联系

我国人工智能发展与国外人工智能发展之间存在紧密的联系和互动。我国在人工智能领域已经取得了显著的进展，一方面，受益于国内政府和企业的大规模投资以及科研机构的创新工作；另一方面，我国也积极地与国际社会合作，与国外的人工智能公司、研究机构和专家进行交流与合作。国内外人工智能发展之间的联系体现在以下三个方面。

（1）我国的人工智能领域的前期发展从国外的最新研究和技术进展中受益。这包括借鉴国外公司的最佳实践和技术解决方案，以加速我国本土的人工智能应用。

（2）我国的人工智能公司和研究机构与国外的同行建立了广泛的合作关系。这种合作包括联合研究项目、共享数据和技术交流，有助于加速创新和技术进步。

（3）我国的人工智能企业积极进军国际市场。通过与国外客户和合作伙伴合作，推广其人工智能产品和服务。这种跨国合作有助于我国企业扩大业务，并在国际市场上取得竞争优势。

当下，国内外人工智能均达到发展高潮，深度学习在计算机视觉、图像处理、自然语言处理、语音识别等众多领域都取得了耀眼的成绩。其成功的原因主要有以下三个方面。

（1）模型本身的变化。与传统的神经网络不同，当下的深度学习采用逐层从不同的角度进行特征学习的方式，增强了模型的学习能力和对于特征工程的处理能力。

（2）数据规模的显著提升。在 2012 年前，没有超大规模的数据可用来训练网络，这使得之前网络即使能做深，也达不到传统统计学习和机器学习的性能。而 2012 年后，这一问题得到了解决。一方面是采集设备的成本下降和来源变得丰富，数据的收集能力明显增强；另一方面是人工标注对大量有效数据集的形成起到了帮助。另外，2014 年以后，通过对抗生成式网络来生成伪数据的策略也大幅度减轻了大数据的需求问题。

（3）可并行计算的 GPU 显卡带来的算力提升。自从 AlexNet 深度网络首次采用双 GPU 来处理数据后，现有的深度学习模型都是基于多 GPU 计算完成的。

1.3.2　人工智能领域经典算法

在人工智能的领域中，多种算法和技术模型被开发和使用以解决各种问题，包括但不限于分类、回归、预测、决策制定等。以下是一些人工智能技术前沿技术的总结，包括神经网络、多智能体系统、优化算法、支持向量机、随机森林和决策树技术。

1）神经网络

神经网络是一类模仿人脑神经元工作机制的算法，用于识别和解析复杂的数据模式。这些算法构建了由"神经元"或节点组成的网络，这些节点通过称为"权重"的连接彼此交互。神经网络的核心是其学习能力：它可以通过调整这些连接的权重来改进其预测或分类的准确性。神经网络的前沿发展可体现在以下几个方面。

（1）深度学习。深度学习是现代神经网络技术的核心，涉及多层（深层）神经网络的设计和应用。深度学习架构，如卷积神经网络（CNN）和循环神经网络（RNN），特别适用于图像和序列数据的处理，并在许多应用中展示了卓越的性能。

（2）迁移学习。迁移学习技术涉及将一个问题的学习成果应用到另一个相关但不同的问题上。这种方法在数据有限的场景中特别有效，可以显著提高学习效率和性能。

（3）生成式对抗网络。在这种架构中，两个网络（一个生成器和一个判别器）相互竞争，从而生成极其真实的数据样本，可用于图像生成、视频合成等。

（4）神经网络剪枝。这是一种优化技术，通过去除网络中的冗余连接来减少模型的大小和复杂性，从而提高运行效率，特别是在资源受限的设备上。

2）多智能体系统

多智能体系统是涉及多个自主的智能体相互协作、竞争或两者结合，来解决复杂问题的一门技术。在这个系统中，每个智能体都具备一定的自主性，能够根据自己的感知进行独立决策，并与其他智能体交互。在多智能体系统中，智能体可以是任何类型的自主实体，如软件程序、机器人或虚拟角色。多智能体系统的前沿发展可体现在以下几个方面。

（1）智能体的自主协商机制。开发能够在没有中央控制的情况下，通过自我协商和协调解决冲突和优化资源分配的智能体。

（2）自适应学习算法。使智能体能够在交互中学习和适应，改进其策略以应对动态变化的环境和智能体行为。

（3）智能体的角色和规范化行为。可定义智能体在特定系统中的角色和行为，确保系统的整体效率和效果。

3）优化算法

优化算法是一类旨在从可能的候选解中找到最优解或足够接近最优解的算法。它们在工程、经济学、数学、计算机科学等领域中有着广泛的应用，用于解决各种最大化或最小化问题。优化问题可以根据其性质分类为线性或非线性、静态或动态、确定性或随机等。优化算法的前沿发展可体现在以下几个方面。

（1）元启发式算法。这类算法通过模仿自然界的过程来解决优化问题，如遗传算法、粒子群优化（PSO）、蚁群算法等。这些算法通常适用于解决非线性、高维度和复杂的优化问题。

（2）分布式优化。随着数据量的增加和计算需求的提升，分布式优化算法能够在多个处理单元上并行解决优化问题，显著提高计算效率。

（3）在线和随机优化。在线优化算法能够在不完全了解整个数据集的情况下逐步做出决策，而随机优化算法考虑到输入数据的随机性，优化平均性能。

4）支持向量机

支持向量机是一种强大的监督学习模型，用于分类和回归任务。它在数据科学和机器学习领域中得到了广泛的应用，特别是在模式识别和分类问题中表现出色。支持向量机的核心思想是在特征空间中找到一个最优的超平面（在二维空间中就是一条线），这个超平面能够最大程度地区分不同类别的数据点。这个最优超平面的选择标准是最大化边界，即最大化最近的训练数据点到这个分割面的最短距离。支持向量机的前沿发展可体现在以下几个方面。

（1）核方法的创新。研究者们持续开发不同的核函数来更好地处理特定类型的数据和问题，如径向基函数、多项式核和 Sigmoid 核等。

（2）大规模数据集的处理。传统的 SVM 算法在面对大规模数据集时会遇到性能和效率问题。近年来，很多研究致力于改善 SVM 算法以适应大数据，包括使用近似方法和在线学习策略。

（3）多类分类问题。虽然 SVM 本质上是二分类模型，但通过一些策略，如一对多或一对一，SVM 也可以扩展到多类分类问题。

5）决策树与随机森林

随机森林是一种集成学习方法，特别是在统计学和机器学习领域中用于分类、回归和其他任务，通过构建多个决策树（森林）并输出多数树的平均预测结果（分类）或平均值（回归）来改善预测的准确性和控制过拟合。这种方法结合了多个决策树模型的结果，以提高整体性能和稳定性。随机森林的前沿发展可体现在以下几个方面。

（1）深入理解特征重要性。应改进随机森林中特征重要性的评估方法，以提供更准确和可解释的模型评估。

（2）优化算法效率。面对大数据集时，随机森林的效率可能会下降。可以通过开发更快的训练算法和改进现有算法，以提高处理大规模数据集的能力。

（3）解决数据不平衡问题。在处理高度不平衡的数据集时，随机森林可能会倾向于多数类，研究者正在寻找有效的策略来解决这一问题，如合成少数类过采样技术（一种基于随机过采样法的改进方法）等。

1.3.3　人工智能与智慧建筑的联系

人工智能作为时代背景下的一种技术革新，不仅推动了智慧建筑的发展，还重塑了建筑设计、建造和运维的方式，使建筑更加智能、高效和人性化。随着人工智能技术的不断进步，智慧建筑的普及和功能将进一步增强。二者之间的联系可以从以下几个方面具体阐述。

1）智慧建筑数据的处理和分析

第一是建筑数据的融合，人工智能可以处理和分析来自建筑内部多个源的大量数据（例如，能耗数据、环境数据、使用者行为数据），从而优化建筑的能效和运营效率。第二是预测分析，人工智能算法可以预测建筑中的能源需求和设备故障，帮助管理人员提前做出调整，从而减少浪费并提高维护效率。

2）智慧建筑环境的自动化控制

利用人工智能技术，智慧建筑可以自动调整照明、温度、通风等环境参数，以最大化舒适度并节省能源。在安全监控方面，人工智能技术在视频监控和安全系统中的应用，使得对异常行为的检测和报警更加准确及时。

3）智慧建筑运维过程的优化

通过人工智能的预测性维护，建筑管理系统可以预测设备故障，优化维护计划和资源使用，延长设备寿命，降低维护成本。人工智能还可以分析建筑能效，识别节能潜力，实现更精细化的能源管理。

4）智慧建筑用户的体验与交互增强

通过自然语言处理，智慧建筑可以提供语音控制的智能助理，用户可以通过简单的语音命令来控制建筑环境。人工智能还可以根据用户的行为和偏好来提供个性化的建筑服务，如自动调整房间的光线和温度。

习题：

1. 人工智能的历程始于（   ）年的（   ）会议，该会议被视为人工智能领域的奠基之石，标志着人工智能正式成为一个（   ）。

2. 简述哪一阶段我国人工智能与国民经济和科技发展的重大需求相结合，并举例说明代表性成果。

3. 简述深度学习在当今时代取得耀眼成绩的原因。

思考题：

人工智能的下一步发展有哪些可能性？

1.4   智慧建筑的内涵解析

智慧建筑是以建筑、人与环境为对象，以安全高效、环境舒适和能耗更低为特征的建筑。智慧建筑要实现建筑智慧化的目标，需要让建筑具有自我感知、自我判断、自我分析和自我决策的能力，减少人为干预。智慧建筑是全生命周期的建筑，从设计、建造到运维的各个阶段都要考虑智慧化、绿色化的理念。智慧建筑实现了对建筑及环境中所有事物的深度感知、广泛连接、智能分析与控制，从而使建筑结构更安全、建筑环境更舒适、建筑能耗更低。智慧建筑可以有效提高设备功能、降低运行成本、减少资源消耗、保护生态环境，推动行业进步和技术创新，从而实现智慧建筑的可持续化发展目标。

1.4.1   智慧建筑发展历程

从历史的视角纵览建筑学科的发展，可以看到它始终与时代发展、科技进步和产业变革密切相关，在不同的时代背景下都会焕发出新的生命力。以蒸汽驱动的机械制造设备的出现为代表的第一次工业革命，促发了以钢铁、混凝土和玻璃为代表的建筑材料的革新，并扩大了建筑的规模。基于劳动分工的电力驱动大规模生产，带来了第二次工业革命，也因此开启了以勒·柯布西耶提出的多米诺体系为代表的建筑工业化时代，此时智能建筑的概念也开始进入萌芽时期。以计算机及信息技术为主导的第三次工业革命，促发了建筑设计和建造的数字化和信息化发展，智能建筑也逐渐发展成熟。以人工智能、虚拟现实、量子通信等技术为代表的第四次工业革命，融合多学科知识体系，推动着建筑智慧化转型升级。智慧建筑的总体发展历程，如图 1-6 所示。

1）传统建筑

传统建筑时代是建筑领域科技和信息化应用尚未广泛普及的时期。这个时代涵盖了人类历史上长达数千年的建筑实践。传统建筑的发展经历了自然建筑时代和人工建筑时代两个阶段。

（1）首先是自然建筑时代（1760 年代之前），自然建筑时代为第一次工业革命之前。这一时期人类逐步了解自然界，出现了具有空间意识的建筑概念，产生了建筑师；基本上能满足那个时代的需求，如实用、坚固、美观；直接与自然界进行物质、能源交换。在长时间的发展过程中，建筑适应了自然生态系统，对自然生态系统副作用不大，成为其中一个部分。

该时期的建筑设计体现出以下四方面问题：①手工设计和施工的问题，建筑的设计和施工过程几乎完全依赖于手工方法，建筑师和工匠使用基本的绘图工具，如纸张、铅笔和绘图板，来创建建筑设计和图纸；②信息的传递主要依赖于纸质文档和传统的通信方式，如书信和传真；③传统建筑时代的建筑资源利用效率较低；④传统建筑往

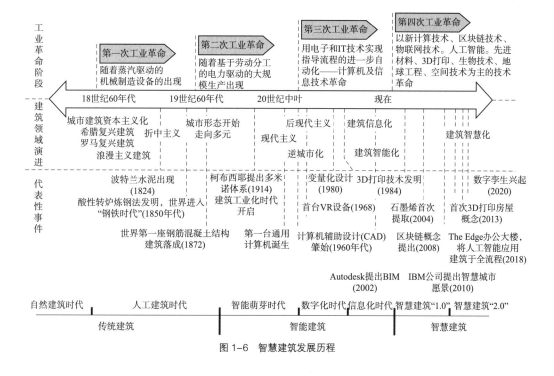

图 1-6　智慧建筑发展历程

往难以适应快速变化的需求和环境条件。

（2）其次是人工建筑时代（1760至1900年代），人工建筑时代为第一次工业革命开始至第二次工业革命结束之间。第一次工业革命引入了蒸汽机等机械技术，提高了建筑工程的生产力。这导致了建筑物更大、更高和更复杂，如火车站、工厂和大型桥梁。铁路的建设和铁路材料的需求也刺激了建筑业的增长。

在该时期，建筑直接与自然界进行物质、能源交换。大量开采一次性资源、对自然界排放不可回收再利用的有害物质，破坏了自然生态系统，对自然生态系统副作用非常大，这成为自然生态系统失衡的最主要因素。人口、资源、环境问题成为全球问题。

2）智能建筑

智能建筑的理论基础源于控制理论，它是自动控制技术的一部分，旨在实现建筑系统的自主智能控制，无需人工干预。控制理论的发展经历了多个阶段，包括经典控制理论、现代控制理论、大系统理论以及智能控制理论。

智能建筑是建筑领域的一项重要创新，它融合了先进的信息技术、自动化控制系统和可持续发展原则，以提高建筑的运营效率、舒适性和可持续性。智能建筑发展的主要历程经历了智能萌芽时代、数字化时代和信息化时代。

（1）首先是智能萌芽时代（1900至1960年代），智能萌芽时代为第二次工业革命结束至第三次工业革命开始之间的时期。智能建筑的萌芽可以追溯到1900年代。当时，电力、电话和暖通系统的引入开始改变建筑的运营方式。1950年代，第一个自动温控系统问世，标志着自动化控制在建筑中的应用。然而，当时的智能建筑概念还相对初级。

（2）其次是数字化时代（1970至1990年代），数字化时代为第三次工业革命前期。进入1960年代，计算机技术的快速发展为智能建筑的进一步发展铺平了道路。计算机辅助设计（CAD）的引入改善了建筑设计和规划的效率。同时，智能控制系统的发展使建筑能够更好地管理能源、照明和安全系统。在该时期，由于国内的建筑设计院只有传统的建筑、结构、水、电、暖等工种，对于新出现的建筑智能化系统还没有形成一个新的工种来进行设计。

（3）再次是信息化时代（1990至2000年代），信息化时代为第三次工业革命后期。随着信息技术的迅猛发展，智能建筑进入了一个新的时代。建筑信息模型和建筑物联网的兴起，使建筑设备和系统能够互相连接。在该时期，建筑智能化系统由设计院与系统集成商共同进行设计，其中方案、扩初及施工图的设计由设计院完成，而装修深化设计由系统集成商完成。

3）智慧建筑

智慧建筑的发展历程可以分为两个重要阶段，分别是智慧建筑 1.0 和智慧建筑 2.0 时代。以下将详细阐述每个阶段的特点和演进路径。

（1）首先是智慧建筑 1.0 时代（2000 至 2010 年代），智慧建筑 1.0 时代为第四次工业革命初期。这一时期是智慧建筑发展的第一阶段，标志着智慧化技术的广泛应用和建筑系统的集成。在这个阶段，建筑开始采用更先进的自动化控制系统，以便更好地规划、设计和管理建筑项目。智慧建筑 1.0 强调不同系统之间的互联互通，如照明、安全、能源、通信等系统的集成。这虽然提升了运营效率，改善了用户体验，降低了能源消耗，但仍受到系统之间缺乏整合性和互操作性的限制。

（2）其次是智慧建筑 2.0 时代（2010 年代至今），智慧建筑 2.0 时代为第四次工业革命不断发展至今的时期。这一时期是智慧建筑发展的最新阶段，其核心特点是全面的智慧化、数字化和互联互通。在这个阶段，建筑系统采用了更先进的技术，如人工智能、大数据分析、物联网和云计算等，以实现建筑的智慧化运营和管理。智慧建筑 2.0 强调了人与建筑的互动，用户体验成为关键因素。建筑能够根据用户的需求自适应调整，提供个性化的服务，如智慧照明、智慧安全、智慧维护等。此外，智慧建筑 2.0 也注重可持续性和绿色建筑原则，以减少环境影响，提高能源效率。人工智能算法的不断发展也为用户体验和可持续性的共同优化提供了不断更新的技术和方法。

智慧建筑与智能建筑的区别主要体现在：①互联性和整合性。智慧建筑更强调不同系统之间的互联互通和整合，各种智能设备和传感器可以实时共享数据，实现更高级别的自动化。②用户体验。智慧建筑关注用户体验，建筑系统能够根据用户需求自动调整，提供个性化的服务，如智能照明和空调的个性化设置。③先进技术的应用。智慧建筑采用了最新的技术，如人工智能、大数据分析和物联网，以实现更高级别的数字化。总之，智慧建筑体现了从基本的自动化控制到全面的数字化和智慧化的综合系统，标志着建筑进入了一个全新的时代。

1.4.2　智慧建筑的特点

在当前建筑行业发展的大背景下，建筑产业体现出两个方面的发展趋势。

（1）在"智能 +"国家战略驱动下，以"互联网 +"、云计算、大数据和人工智能等为主要增长点的新经济模式，以及其带来的人们在健康性、性能化、体验性和交互性等方面的人居环境新需求，共同推动了建筑的智慧化发展，如图 1-7 所示。

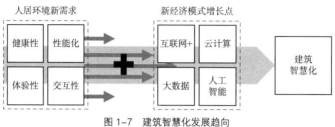

图 1-7　建筑智慧化发展趋向

（2）在建筑产业绿色发展和工业化转型的需求驱动下，信息可视化、参数化生成、性能化建构等智能技术与设计方法的快速发展将数字建造平台有机整合，使得建筑设计、建造和运维过程的一体化融合日益紧密，如图 1-8 所示。

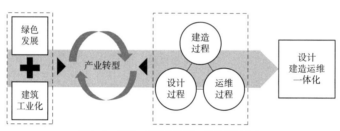

图 1-8　设计、建造和运维一体化发展趋向

1）人居环境的新需求

相比智能建筑，智慧建筑充分考虑"以人为本"，无论是建筑管理者，还是建筑使用者，都成为智慧建筑的一部分，且扮演着越来越重要的角色。建筑学家认为，建筑的最高本质是人，建筑是文化的载体。建筑活动与其他艺术活动和审美活动一样，担负着重铸人类感性世界的历史重任。当下，人文主义日益成为建筑活动的新主题和新方向。当代建筑的第一要务就是回归生活，立足现实，需要满足以下四个方面的需求。

（1）健康需求。随着人们对健康的更高关注，建筑业开始将健康视为一个重要的设计标准。智慧建筑可以实现用户健康状况检测、空气质量监测、智能通风和照明控制，以提供更加健康的室内环境。例如，空气质量传感器可以监测污染物含量，智能照明可以模仿自然光线，促进身体的生物节律。

（2）性能化需求。现代建筑需要更高的性能，以满足能源效率、安全性和可持续性的要求。智能建筑通过数据分析和自动化控制，可以实现能源的智能管理，减少能源浪费，提高建筑性能。此外，建筑可以使用智能监控系统来预测维护需求，提高设备的性能和寿命。

（3）体验需求。用户体验是现代建筑设计的核心关注点之一。智能建筑可以提供个性化的体验，满足不同用户的需求。当前新兴技术能够识别、预测、推荐、可视化和反馈使用者的舒适性体验，为每个人提供最佳的使用建议，并根据居民的偏好自动调整照明、温度和音响，提供更加舒适和便捷的生活体验。

（4）交互需求。人们期望与建筑和环境进行更加深入的互动体验。智能建筑可以通过触摸屏、语音识别、手势控制等技术实现用户与建筑系统的互动。这种交互性提高了用户参与感和控制权，使用户能够自定义建筑的功能。

2）经济模式的新需求

智慧经济的范式是"物联 + 数据智能（人工智能）+ 自适应服务"。"智慧建筑"是智慧经济的一员，必然要符合智慧经济的范式。它通过数字技术、数据智能和创新方法，为建筑行业注入新活力，同时提供了更高效、更可持续、更舒适的建筑环境，有助于实现智慧经济的愿景。在智慧经济的影响下，智慧建筑的特点体现在以下几个方面。

（1）数据驱动的决策。智慧经济强调数据的重要性，以指导业务决策和提高效率。智慧建筑通过传感器和物联网技术收集各种建筑和环境数据，为建筑管理者提供实时信息，支持决策制定。这使得建筑能够根据实际需求进行智能化调整，从而提高资源利用效率和可持续性。

（2）用户体验和个性化服务。智慧经济要求企业提供更加个性化的产品和服务。智慧建筑通过智能化系统，如智能照明、智能安全和智能热控，能够根据用户的偏好和需求自动调整建筑环境。这不仅提高了用户体验，还增加了建筑的吸引力，吸引租户和用户。

（3）环境可持续性。智慧经济关注可持续发展和环保原则，鼓励减少资源浪费和环境影响。智慧建筑通过能源管理、废物减少和绿色技术的应用，能够减少能源消耗和碳排放，实现更环保的建筑运营。

（4）弹性和灵活性。智慧经济要求企业具备灵活性，能够适应快速变化的市场和环境。智慧建筑可以通过自适应系统和智能控制，根据不同情境自动调整建筑设施，提供更大的灵活性，以满足不同用途和需求。

（5）安全和隐私。智慧经济需要更严格的数据安全和隐私保护。智慧建筑收集大量的数据，包括用户行为和环境信息，因此必须采取措施来保护这些数据免受潜在的威胁和侵犯。

3）建筑设计、建造、运维的一体化融合

智慧建筑应覆盖和贯穿BIM软件各阶段（规划、概念设计、细节设计、分析、出图、预制、4D/5D施工、监理、运维、翻新）。建筑设计、建造、运维的一体化融合在技术革新和管理模式两个方面均有所体现。

（1）在技术革新方面，以多维度协同、静态数据管理和动态数据挖掘相结合、用户可定制和虚拟可视设计与建造为特征的建筑信息建模技术，为全生命周期建筑产业链下实现建筑设计、建造和管理的智慧化提供了技术上的解决方案，如图1-9所示。建筑技术的革新涉及多个关键方面，旨在实现建筑产业链的智慧化。以下是对这些方面的解释。

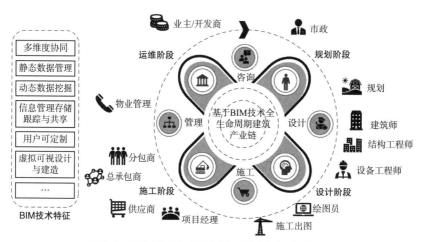

图1-9　基于建筑信息建模技术的建筑全生命周期产业链

①多维度协同。这意味着在建筑项目的各个阶段，涉及不同领域和利益相关者的多维数据和信息可以协同工作。这有助于促进团队协作、信息共享和项目决策。

②静态数据管理。静态数据通常指建筑的基本信息，如结构、布局、材料等。有效管理这些数据对于建筑设计和管理至关重要。这可能包括建立数据库、数据字典和标准化数据输入方法等。此外，多个建筑的协同合作能够扩大收集到的数据量，并加快模型构建过程，如协同故障检测和诊断的框架。

③动态数据挖掘。建筑项目中产生的数据不仅仅是静态的，还包括与时间相关的动态数据，如进度、成本、资源利用等。动态数据挖掘可以帮助分析和优化项目运营。

④用户可定制。这意味着系统可以根据不同用户的需求进行定制和配置。不同利益相关者可能需要不同类型的数据和功能来支持他们的工作。

⑤虚拟可视设计与建造。通过虚拟现实、增强现实或 3D 建模等技术，建筑项目可以在数字环境中进行可视化建模和模拟。这有助于设计师、工程师和业主更好地理解项目，提前识别问题并改进设计。

（2）在管理模式方面，建筑师责任制和 EPC 工程总承包模式是现代建筑管理领域的两项重要举措，它们共同推动了建筑行业向更加智慧化和全生命周期管理方向的迈进。

①建筑师责任制在管理模式上的试点推行为建筑项目提供了清晰的指导和角色分工。这一制度明确了建筑师在整个建筑生命周期中的职责，包括规划、策划、设计、监督、运维、更新改造和拆除。这有助于建筑项目的高效执行，确保了项目在各个阶段都能够得到专业的指导和监督。建筑师在建筑全寿命周期中扮演主导角色，有助于提高建筑项目的质量和可持续性，同时也有利于减少资源浪费和环境影响。

② EPC 工程总承包模式的应用为建筑项目的实施和管理提供了更多技术和管理手段。该模式探索整合了建筑信息模型、地理信息系统、智能建造、智能运维、物联网等先进技术，为项目的各个阶段提供了数据支持和决策依据。这使得项目的设计、施工、运营和维护能够更加智慧化和高效。例如，通过建筑信息模型，设计和施工团队可以在虚拟环境中协同工作，提前发现和解决潜在问题，减少施工延误和成本超支。同时，智能运维和物联网技术可以实时监测建筑设施的状态，提高了设施的可靠性和安全性，降低了运营成本。

综合而言，建筑师责任制和 EPC 工程总承包模式的推行都有助于建筑项目的高效管理和全生命周期的智慧化。它们使建筑行业更加专业化和可持续，有助于满足社会对于高质量、低成本和环保建筑的需求。随着技术的不断进步，这两种管理模式还将继续发展和完善，为建筑领域带来更多创新和改进。

习题：

1. 自然建筑时代面临的问题包含（　　　）、（　　　）、（　　　）和（　　　）。
2. 简述智能建筑发展的智能萌芽时代、数字化时代和信息化时代的代表性技术。
3. 简述智慧建筑与智能建筑的主要区别。
4. 简述当前建筑行业涉及的人居环境新需求。
5. 简述智慧建筑与智慧经济的关系。

思考题：

涉及建筑全生命周期一体化融合的关键技术有哪些？

1.5　智慧建筑的相关概念

从相关概念和知识图谱两个方面介绍智慧建筑有助于提供更全面和深入的理解。这两个方面相辅相成，有助于探索智慧建筑的不同方面和关联领域。在智慧建筑的概念方面，通过建立智慧建筑的基本定义和特征，学习什么是智慧建筑以及它为什么重要；在知识图谱方面，更具体的信息——包括与智慧建筑相关的建筑智慧设计、建筑智慧建造和建筑智慧运维领域，学习构成智慧建筑的关键组成部分以及它们如何相互关联。从相关概念和知识图谱两个方面介绍智慧建筑可以提供更多维度的理解，帮助人们更全面地了解智慧建筑领域。

1.5.1　智慧建筑的概念

根据《智慧建筑设计标准》T/ASC 19—2021 中对于智慧建筑的定义，智慧建筑是指"以构建便捷、舒适、安全、绿色、健康、高效的建筑为目标，在理念规划、技术应用、管理运营、可持续发展环节中充分体现数据集成、分析判断、管控决策、具有整体自适应和自进化能力的新型建筑形态"。

智慧建筑的核心组成部分是智慧建筑云脑，它被认为是智慧建筑的核心和灵魂。智慧建筑云脑的体系架构包括了感知端、传输层、控制决策层群等组成部分，它们构成了一个完整的闭环系统。感知端通过各种传感器收集数据，传输层使用边缘计算、雾计算、宽带、5G 等技术传输数据，而控制决策层则包括控制器集群、执行器集群、决策集群等，用于处理数据和做出决策。整个系统运行的目标是模仿人类认知的类脑计算方式，以实现智慧建筑的各种功能。

在智慧建筑云脑中，人工智能平台是一个重要组成部分，其开发通常采用开源方法，以打造开放的"AI+ 智慧建筑"生态系统。该平台可以利用机器学习算法，包括深度学习、神经网络、强化学习和模糊逻辑等，以实现智慧建筑的智能化和自适应性。这些算法可以用于数据分析、模式识别、决策制定和问题解决等多个方面，从而提升智慧建筑的性能和效率。

智慧建筑作为以建筑物为基础的系统，具备人体智能特征，包括正确的、自适应的反应能力。正确的反应能力指的是对环境和情境进行正确理解、思考和判断，以产生符合正常逻辑的操作或行动，而不是随意或不合理的反应。自适应的反应能力则体现在快速、灵活地解决问题以及自主学习和模拟仿真的能力上。智慧建筑的设计需要在以下四个方面展现这种反应能力。

　　1）面向自然环境的反应能力

　　智慧建筑应能够感知和适应自然环境的变化，如温度、湿度、光照等，以提供舒适的室内环境，同时降低能源消耗。

　　2）面向物业管理或服务的反应能力

　　智慧建筑应可以监测设备的状态，自动进行维护和管理，以确保设备的高效运行和延长寿命。它还可以提供高效的物业管理和服务，如安全监控、清洁服务等。

　　3）面向使用者的反应能力

　　智慧建筑应能够感知和满足使用者的需求，通过智能控制系统提供个性化的体验，如智能家居控制、定制化的照明和温度设置等。

　　4）面向可持续发展的反应能力

　　智慧建筑应具备可持续性的特征，包括能源效率、废物管理和环境友好性，以支持可持续发展目标。

1.5.2　智慧建筑相关概念辨析

　　智慧建筑与建筑智慧设计、建筑智慧建造和建筑智慧运维相互关联，在实践中扮演着不同且关键的角色。理解它们之间的区别对于确保整个建筑生命周期中的有序推进和协调至关重要，从而帮助实现智慧建筑的目标。

　　1）智慧建筑与建筑智慧设计

　　智慧建筑与建筑智慧设计之间的关联在于建筑智慧设计侧重点在于设计阶段的智慧思维，而智慧建筑侧重点在于最终的智慧建筑作品实现。智慧设计为智慧建筑奠定基础，确定技术整合和功能需求，确保建筑在落成后能够实现自动化、智慧化和可持续发展。

　　2）智慧建筑与建筑智慧建造

　　智慧建筑和建筑智慧建造都涉及了先进的技术应用，都旨在提高建筑的效率、可持续性和智能化水平。智慧建筑侧重于建筑作品的智慧化，强调利用技术提升建筑的运行效率和舒适性；而建筑智慧建造则强调利用技术优化建筑的施工过程，从而提高建筑的质量和效率。

　　3）智慧建筑与建筑智慧运维

　　智慧建筑整合了先进技术以提高建筑效能，而智慧运维则关注建筑完工后的管理和维护。智慧建筑的智能系统产生数据，为智慧运维提供信息支持，实现设备监控、预测性维护等。智慧运维利用智能化工具，保障建筑系统的高效运行，延长设备寿命，提升使用体验。这种联系确保建筑在使用阶段持续智能化，并最大化其效能和可持续性。

1.5.3 智慧建筑的知识图谱

本书构建了"智慧建筑""建筑智慧设计""建筑智慧建造""建筑智慧运维"等四个关键领域的知识图谱，深入研究了智慧建筑和建筑生命周期各个阶段的关联。智慧建筑涉及的相关概念众多，知识图谱揭示了当今研究中与四个关键领域最为紧密相连的概念，有助于快速了解关键领域的核心内容。以下为各知识图谱的主要内容。

1）智慧建筑

在中国知网搜索关键词"智慧建筑"，对该词条下的相关问题进行整理所得的知识图谱如图 1–10 所示。与智慧建筑相关的高频概念包括"智慧工地""物联网""人工智能""建筑行业""信息化""大数据""云计算"等概念，接下来将逐个分析智慧建筑与各概念之间的联系。

（1）智慧建筑与智慧工地。智慧工地侧重于施工过程中的技术应用。智慧建筑的数据可用于智慧工地优化施工流程，提高效率和安全。这种联系使施工更智能，建成的建筑更便于管理和维护。

（2）智慧建筑与物联网。物联网技术允许智慧建筑内部设备和系统相互连接，实现实时数据共享和智能控制，提高建筑效能、舒适度和能源利用效率。物联网为智慧建筑提供了数据支持和自动化管理。

（3）智慧建筑与人工智能。人工智能技术在智慧建筑中用于数据分析、自动化控制和智能决策，提高建筑的效率、能源管理和用户体验。

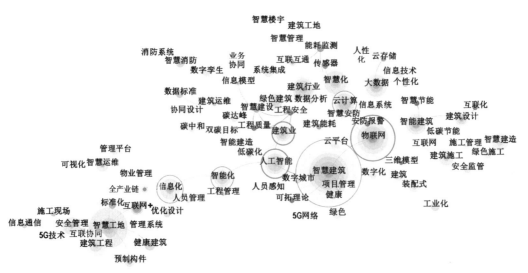

图 1–10 智慧建筑知识图谱

（4）智慧建筑与建筑行业。智慧建筑技术提高了建筑效率、促进了节能减排、增加了可持续性，为建筑行业带来创新机会；提高竞争力，同时满足可持续建筑需求，推动行业朝向智慧和可持续的方向发展。

（5）智慧建筑与信息化。智慧建筑的概念涵盖了信息化的技术，还包括传感器、自动化系统和人工智能等。信息化是智慧建筑中的一个组成部分，为其提供数据支持。

（6）智慧建筑与大数据。智慧建筑利用传感器和监测设备收集大量数据，形成大数据，通过分析和处理，揭示建筑运行模式和趋势，支持决策制定和优化。大数据技术为智慧建筑提供了洞察力，优化建筑管理，实现可持续性和效益最大化。

（7）智慧建筑与云计算。智慧建筑利用传感器和设备收集大量数据，而云计算提供了存储和处理这些数据的基础。通过云计算，智慧建筑能将数据上传至云端进行分析、存储和共享。云计算为智慧建筑提供了灵活性和可扩展性，使其能够实时处理和应用大数据，支持远程监控、智能决策和资源优化。

2）建筑智慧设计

本书基于中国知网中"建筑""智慧设计"两个关键词的搜索结果，下载相关文献整理所得的知识图谱如图 1-11 所示。高频核心概念包括"智慧建筑""建筑设计""物联网""智慧化""智慧工地""空间设计"等概念，接下来将逐个分析智慧建筑设计与各概念之间的联系。

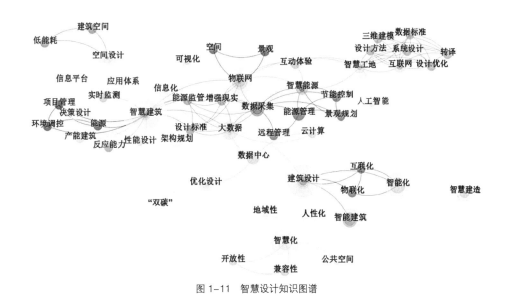

图 1-11　智慧设计知识图谱

（1）建筑智慧设计与建筑设计。建筑智慧设计是建筑设计的进化和拓展，它强调整合先进技术，如物联网、自动化控制和数据分析，以提高建筑的效率、可持续性和用户体验。传统建筑设计关注外观、结构和功能，而智慧建筑设计注重数字化和智能化解决方案，以满足现代需求，包括能源节约、安全性和智能互联。

（2）建筑智慧设计与物联网。建筑智慧设计整合物联网技术，通过传感器和设备实现数据共享和互联，优化能源管理、安全监控等。智慧设计的概念与物联网的实际应用结合，推动建筑行业向智慧化发展。

（3）建筑智慧设计与智慧化。智慧化是智慧建筑的核心特征，它使建筑能够实现自动化控制、数据分析和智能决策，提高效率、安全性和用户体验。

（4）建筑智慧设计与智慧工地。智慧设计为智慧工地奠定基础，确定技术需求和整合方案，指导施工过程中的智能设备应用和数据管理。智慧工地则实现施工过程的监控与优化。二者相辅相成，共同推动建筑项目的智能化、高效化，并确保设计理念在施工中得以充分实现。

（5）建筑智慧设计与空间设计。建筑智慧设计在空间设计中通过智慧化系统的集成，为空间提供更高效、更舒适的功能与体验，使建筑的设计不仅美观实用，还具备智慧化和可持续性。

3）建筑智慧建造

本书基于中国知网"建筑""智慧建造"两个关键词的搜索结果，下载相关文献整理所得的知识图谱如图 1-12 所示。高频共现概念包括"智慧工地""施工管理""装配式"等概念，接下来将逐个分析智慧建筑设计与各概念之间的联系。

（1）建筑智慧建造与智慧工地。智慧工地利用技术和数据分析来提高施工效率、安全性和质量，其中包括自动化机械、传感器、虚拟现实等。这些技术也是建筑智慧建造的一部分，帮助建筑业减少浪费、提高生产力。

（2）建筑智慧建造与施工管理。建筑智慧建造为施工管理提供工具，监测进度、质量和安全，同时优化资源分配。施工管理通过有效组织和监督实现智慧建造目标，确保施工按计划进行，并在建筑完成后维护其智能系统。

（3）建筑智慧建造与装配式。智慧建造利用数字技术和自动化流程提高建筑施工的效率和质量，可优化装配式建筑中的构件制造和组装。智慧建造还能实现项目管理和资源调度的智能化，有助于加快装配式建筑的生产进程。装配式建筑的构件化特点与智慧建造的理念契合。

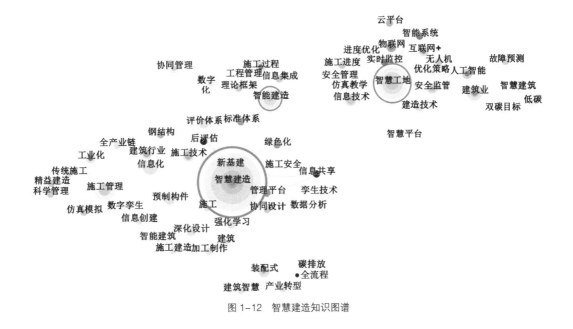

图 1-12　智慧建造知识图谱

4）建筑智慧运维

本书基于中国知网"建筑""智慧运维"两个关键词的搜索结果，下载相关文献整理所得的知识图谱如图 1-13 所示。高频核心概念包括"智慧建筑""物联网""运维管理""人工智能""云平台""建筑运维""大数据"等概念，接下来将逐个分析智慧建筑设计与各概念之间的联系。

（1）建筑智慧运维与物联网。物联网技术将传感器、设备和建筑系统互联，为智慧运维提供了实时数据流。这些数据支持建筑设施的监测、维护和优化。智慧运维依托物联网实现设备远程监控、故障预测和维修计划的自动化。同时，智慧运维反馈数据到物联网平台，实现建筑设施的持续改进。

（2）建筑智慧运维与运维管理。智慧运维是运维管理的一部分，着重于建筑智能系统的维护和优化。运维管理提供策略和框架，而建筑智慧运维在此基础上运用先进技术，提高建筑系统的稳定性、性能和可靠性。

（3）建筑智慧运维与人工智能。智慧运维利用人工智能技术，如机器学习和自然语言处理，分析大数据来预测设备故障、制定维护策略和提高建筑性能。人工智能能够实时监测数据，自动识别异常，提供智能决策支持，从而降低维护成本和提高设备的可靠性。此外，人工智能还能够通过智能虚拟助手提供更快速的用户支持和反馈。

（4）建筑智慧运维与云平台。智慧运维依赖云平台存储和管理大量数据，实现设备监测和维护。云平台为智慧运维提供灵活性和可扩展性，允许远程访问、分析和分

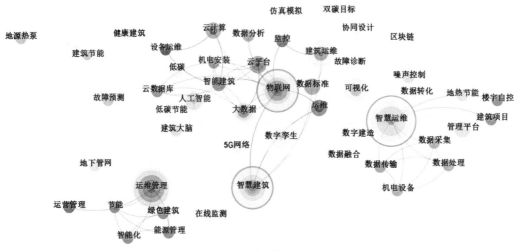

图 1-13　智慧运维知识图谱

享数据，支持预测性维护和实时决策。这种联系使得建筑运维更智能化、高效，并能够持续优化建筑系统的性能和运行。

（5）建筑智慧运维与建筑运维。传统建筑运维主要是定期维修和设备保养，而建筑智慧运维利用数据分析、自动化技术和物联网，实现设备的实时监测、故障预测和优化维护。它不仅提高了运维的效率和成本控制，还能够延长设备寿命，提升建筑性能和用户体验。建筑智慧运维是建筑运维的进化，以数字化和智能化手段，使建筑在整个生命周期中更可靠、高效，更适应现代社会的需求。

（6）建筑智慧运维与大数据。智慧运维依赖大数据分析，从收集的信息中发现模式、预测故障，并优化维护策略。大数据分析改善设备性能、降低维护成本，并提升建筑系统的效率和可靠性。这种联系使建筑智慧运维更具前瞻性，能够根据数据驱动的见解进行更精确的维护和做出决策。

习题：

1. 智慧建筑需要在哪些方面展现反应能力？

2. 简述建筑智慧设计与建筑设计之间的联系。

思考题：

当前新兴的概念和技术，哪些可能与智慧建筑建立联系，进一步推动智慧建筑发展？

1.6 本章小结

本章主要围绕智慧建筑的时代背景展开，从建筑工业化、建筑信息化以及人工智能时代等方面进行了详细的探讨和分析。

在建筑工业化方面，本章介绍了不断演进的建筑工业化概念，并阐述了当下的建筑工业化与几十年前建筑工业化的区别以及我国建筑工业化的发展目标。随后分别介绍了建筑标准化、施工机械化、装配式建筑体系、现场工业化建造、机电安装工业化和室内装修工业化六项建筑工业化技术，并阐述了建筑工业化与智慧建筑的联系。

在建筑信息化方面，本章介绍了建筑信息化的背景和相关概念，并阐述了建筑信息化的概念、内涵、发展目标和应用场景。随后分别介绍了信息化模型生成技术、信息化人机合作建造技术和信息化运维和高效管理技术等三项重要的建筑信息化技术。最后剖析了建筑信息化在智慧建筑实践中的重要作用。

人工智能时代的发展在国外与国内经历了不同的发展历程。人工智能的发展在国外经历了三次热潮，在国内可分为四个阶段，国内外人工智能的发展相互联系和影响。模型本身的变化、数据规模的提升和算力的提升保证了深度学习技术在当今时代的快速发展。人工智能的多种经典算法快速更新，推动了智慧建筑的发展。

本章对智慧建筑的内涵进行了解析，包括智慧建筑的发展历程、特点，以及相关概念的辨析和知识图谱的构建。时代背景和技术进步为建筑行业提供了新的特点和机遇，推动了智慧建筑的不断发展。智慧建筑体现了人居环境的新需求、经济模式的新要求以及建筑设计、建造和运维一体化的需求。智慧建筑与建筑智慧设计、建筑智慧建造和建筑智慧运维相互关联，在实践中扮演着不同且关键的角色，相关概念的辨析有助于了解智慧建筑在生命周期中有序推进和协调的方式。知识图谱的解析能够更准确地定位智慧建筑在建筑行业中的位置，反映了其多维度的复杂性和关联性。

第 2 章
建筑智慧设计

　　建筑智慧设计，是在以信息化和智能化为特征的第四次工业革命背景下，通过融合多学科知识体系诞生的、助力建筑信息化和智能化转型的具体理论、方法、技术和工具的集成。当今世界正处于新一轮的科技革命和产业变革，建筑设计也随之正在发生转型。以"互联网+"、云计算、大数据和人工智能等为主要增长点的新经济模式，及其带来的人们在健康性、品质性、体验性和交互性等方面的人居环境新需求，共同推动了建筑设计的智慧化发展。建筑智慧设计，与建筑智慧建造、建筑智慧运维紧密协同，实现了建筑全生命周期智慧化，以多学科集群技术创新为动力，正在推进整个建筑产业的智慧化转型。

2.1　建筑智慧设计的相关理论

　　建筑智慧设计，相较于传统建筑设计，更加强调多学科知识体系的相互融合（图 2-1）。"智慧"赋能建筑设计，已经逐渐使之产生了全面而深刻的变革。自 20 世纪 70 年代，从以计算机辅助建筑设计（CAAD）和建筑信息模型（BIM）为代表的数字技术的诞生开始，建筑设计向着建筑智慧设计快速转变。随着智慧技术的创新与迭代，建筑智慧设计的内涵和理论也不断拓展丰富，逐渐涵盖了自然科学、技术科学与人文科学，最终形成了包含人居环境系统理论、复杂性科学理论和建筑性能智能优化设计理论的体系[26]。

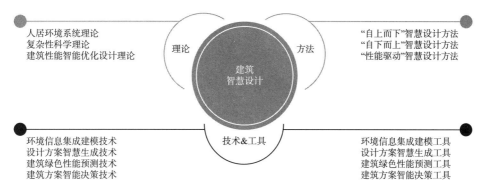

图 2-1　建筑智慧设计内容框架 [17]

2.1.1　基本概念

随着新技术的不断涌现和广大人民对生活品质要求的提高,建筑智慧设计在国家和行业的发展规划中占据了重要的地位,同时趋于贴近人民大众的日常生活,惠及千家万户。智慧设计着重突出两方面特点:宏观层面促进了传统建筑行业与新技术的融合,提高了设计的效率和质量,同时助力实现节能减碳可持续发展;在微观层面继承了传统建筑设计以人为本的理念,侧重人居环境高品质诉求,提高了建筑在舒适性、健康性、体验性与交互性等方面的性能。建筑智慧设计的基本概念包括以下三点。

1)建筑设计

"建筑设计"是指在建筑物建造之前,设计者按照建设任务,把施工过程和使用过程中所存在的或可能发生的问题,事先做好全面的设想,拟定好解决这些问题的办法、方案,用图纸和文件表达出来。该图纸和文件作为备料、施工组织工作和各工种在制作、建造工作中互相配合协作的共同依据,便于整个工程得以在预定的投资限额范围内,按照周密考虑的预定方案,统一步调、顺利进行,并使建成的建筑物充分满足使用者和社会所期望的各种要求及用途。

2)智慧设计

"智慧设计"是指在建筑设计过程中,利用先进的技术和智能化系统,以提高建筑的效率、舒适性、可持续性和安全性为目标的设计理念。这种设计方法将传统建筑与信息技术相融合,通过集成生成、感知、控制、通信和信息处理技术,实现建筑系统的优化设计和高效运行。

3)智慧设计内涵

"智慧设计"强调在建筑领域应用智能技术和创新思维,以提升建筑的效能、可持续性、用户体验和安全性。

建筑智慧设计的内涵包括技术整合与创新、用户体验优化、能源效率与可持续性、安全性与智能监控、生态环保等多个方面，旨在打造更智能、可持续、安全、舒适的建筑环境。

（1）技术整合与创新：建筑智慧设计涵盖了各种先进技术的整合，如物联网（IoT）、人工智能（AI）、自动化控制系统等。设计师需要将这些技术结合，创新性地应用于建筑的各个方面，包括能源管理、安全系统、智能控制等。

（2）用户体验优化：设计要注重满足居住者和使用者的需求，提高建筑的舒适性、便利性和用户体验。智慧建筑可以通过智能化的环境控制、智能家居系统等方式，以定制化满足个性化的需求。

（3）能源效率与可持续性：建筑智慧设计要追求能源的高效利用，通过智能能源管理系统、可再生能源的应用等手段，降低建筑的能源消耗，提高可持续性。

（4）安全性与智能监控：强调建筑安全系统的智能化，包括入侵检测、视频监控、紧急响应系统等。通过智能监控技术，提高建筑的安全性。

（5）生态环保：考虑建筑材料的环保性能，设计中注重生态平衡和环境友好，以减少建筑对自然环境的负面影响。

2.1.2　建筑智慧设计发展历程

智慧设计（Smart Design）的概念在近年被提出，但其实际上诞生于 20 世纪 60 年代，随着计算机辅助设计（Computer Aided Design，CAD）系统与软件的开发，设计开始向着智慧化的方向发展。然而，早在计算机诞生之前，设计，这样一项凝聚想象力与劳动力、结合工程与艺术、反映人类与环境的关系的人类活动就已经展现出了"智慧"的形态。这种"智慧"的本质实际上是一种计算性思维。

公元前 6 世纪，古希腊毕达哥拉斯学派提出了黄金分割。自黄金分割被提出以来，众多画家、雕塑家、建筑师都在自己的作品中加以运用以实现作品的协调与美观。雅典的帕提农神庙、巴黎圣母院、埃菲尔铁塔、联合国总部大楼等众多经典的建筑案例都实践了以黄金分割为代表的智慧设计的最初探索。

中国宋代元符三年（1100 年）成书的《营造法式》由李诫编修，是中国现存最完整的古代论述建筑工程做法的官方著作[19]。《营造法式》中提出"材分制"建筑模数序列计算体系，以"材""栔""分"规范大木作中的建筑构件尺寸，解决了当时建筑工程实践中的多层级构件尺寸协同难题，为建筑智慧设计的进一步复杂化演进奠定了基础。

19 世纪左右，物理仿真实验的方法开始受到建筑师的关注。西班牙建筑师安东尼·高迪（Antoni Gaudi）应用三维悬链线模型（图 2-2），通过物理仿真分析求解得出具有较优结构性能的穹顶形态。高迪利用这一物理仿真方法创作了一系列颇具个人风格且结构性能出色的优秀建筑作品，包括 1984 年的桂尔公园、桂尔宫和

图 2-2　安东尼·高迪悬链线模型

1906 年的米拉之家以及如今仍未完工的圣家族大教堂等。高迪通过悬链线模型的物理仿真，实现了结构优化导向的穹顶"找形"。建筑物理仿真的另一位大师，德国建筑师弗雷·奥托（Frei Otto）开创性地将建筑学、工程学与生物学通过一个完整的研究框架进行整合。1988 年，他通过"羊毛线模型"（Wool-Thread Models）创新性地研究了最小路径系统。奥托还通过"皂膜实验"实现了最小曲面找形，作为结构找形的概念模型，并在深化设计阶段运用链网模型对其几何形态进行相对精确的测量，用这种方法设计了蒙特利尔的德国馆等大跨度张拉膜结构建筑。

这些早期的、不依赖高性能计算工具的智慧设计反映了人们对于客观理智的追求，体现了一种计算性设计思维，同时证明了应用智慧设计产生创新性成果并解决复杂的工程问题需要建筑学、工程学、物理学、材料科学、生物学等多学科的交叉融合。

伴随着计算机及信息技术的发展，第三次工业革命促进了建筑设计的数字化发展。1963 年，麻省理工学院的伊万·萨瑟兰（Ivan Sutherland）研发了 Sketchpad 计算机绘图工具，1960 年代中期，IBM 制图系统出现，计算机辅助设计（CAD）的概念形成。计算机辅助设计是使用计算机辅助创建、修改、分析及优化设计的技术与方法，提高了设计人员的工作效率和设计质量。随着计算机技术的发展与普及，计算机技术与建筑产业结合更加紧密，计算机辅助建筑设计（Computer Aided Architecture Design）出现并快速发展，形成了一类满足建筑设计需求的 CAD 软件，AutoCAD、Digital Project、MicroStation、SketchUp、Rhino、Maya、3DMax 等数字工具相继涌现。CAAD 的出现为建筑智慧设计提供了大量高效的工具。

1970 年代，建筑信息模型（Building Information Model，BIM）的概念首次出现。BIM 是一个涵盖生成和管理建筑物理和功能特征的数字化表达的过程，由各种工具、

技术以及合同支持。BIM 的使用超越了项目的规划和设计阶段，延伸到了整个建筑生命周期，包括成本管理、施工管理、项目管理、设施运营和绿色建筑。BIM 不仅为建筑智慧设计带来了新工具，同时促进了建筑全生命周期智慧化，进一步连结了建筑智慧设计、建筑智慧建造与建筑智慧运维。

1973 年第一次石油危机后，1986 年世界环境与发展委员会提出了"可持续发展"（Sustainable Development，SD）的概念。建筑产业愈发关注自身对环境的影响，人居环境系统理论逐渐形成，模拟建筑与环境交互过程成为研究热点。通过算法编程，建筑环境交互数学模型被转译为 EnergyPlus、Radiance 等建筑能耗与物理环境性能模拟工具，辅助设计者根据建筑性能计算结果，优化设计方案，改善建筑性能，进行智慧设计。

1980 年代，复杂性科学思想推动了算法生成设计领域探索。克里斯蒂诺·索杜（Celestino Soddu）开展"生成设计"（Generative Design，GD）理论、方法与实践的研究，探索了建筑自组织生成，促发了建筑设计从"关注结果"到"关注过程"的演化，进一步推动了建筑设计的智慧化发展。1990 年代，乔·弗雷泽（John Frazer）提出了"进化建筑"（Evolutionary Architecture）设计理论和方法，探索了性能优化导向下的建筑设计方法[20]（图 2-3）。

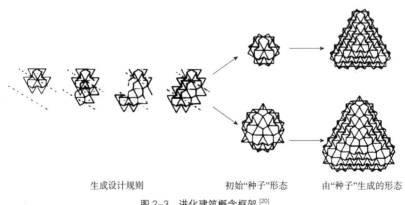

生成设计规则　　　　初始"种子"形态　　　由"种子"生成的形态

图 2-3　进化建筑概念框架[20]

进入 21 世纪，建筑信息模型为核心的一系列计算机辅助建筑设计系统，以建筑设计的标准化、工业化、集成化、三维化、智能化等为目标，以前所未有的信息统筹、专业协调和功能复合，提高了建筑产业整体的运行和管理效率，拓展了建筑设计的可能性，赋予了设计师更广阔的思维与视野。人工智能的迅猛发展，激发了建筑生成设计与性能优化设计领域的智能化探索。国内外学者以"代理模型建模""参数化建模"和"神经网络预测建模"等方法为切入点，展开了建筑智慧设计的新探索（图 2-4）。

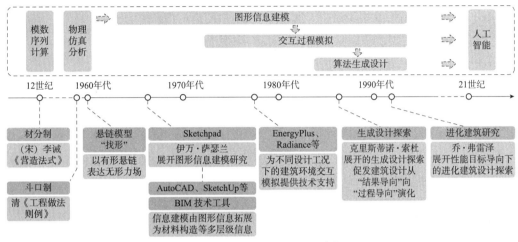

图 2-4　建筑智慧设计演化过程[21]

2.1.3　人居环境系统理论

　　1976 年，第一届联合国人居会议在温哥华召开，重视人居环境可持续发展成为世界共识，建筑设计同全产业一道，在人居环境科学的引领下进入了更宽广的发展领域，人居环境系统理论成为建筑智慧设计的重要支撑。

　　人居环境是人类的聚居的场地，是与人类生存活动密切相关的地表空间，是人类在大自然中赖以生存的基地，是人类利用、改造自然的主要场所。人居环境包括五大系统：自然系统、人类系统、居住系统、社会系统、支撑系统。在上述五大系统中，"人类系统"与"自然系统"是两个基本系统，"居住系统"与"支撑系统"则是人工创造与建设的结果。在人与自然的关系中，和谐与矛盾共生，人类必须与自然和平共处，即"可持续发展"。

　　人居环境科学是围绕地区开发、城乡发展及诸多相关问题进行研究的学科群，是贯联与人类居住环境的形成与发展有关的，包括自然科学、技术科学与人文科学的新的学科体系，其涉及领域广泛，是多学科的结合，它的研究对象即为人居环境。

　　人居环境系统理论来源于人居环境科学，发展并作用于建筑智慧设计，形成了人居环境系统观下的建筑环境系统交互理论。在建筑智慧设计的语境下，人居环境系统理论主要面向两方面的问题：①建筑绿色性能受到不确定性的影响，即受到诸如气候波动、使用者行为、环境耦合等复杂因素的共同作用；②建筑绿色性能之间复杂的作用关系，如节能与空气品质、热舒适与光舒适、节能与采光等性能之间均存在"此消彼长"的相互制约关系（图2-5）。诸多绿色性能的不确定性影响，加上绿色性能之间的复杂的制约关系，导致人居环境系统观下的建筑环境系统交互成了一个难以理解和预测的"黑箱模型"（Black Box）。于是，复杂性科学理论被引入建筑智慧设计的理论框架。

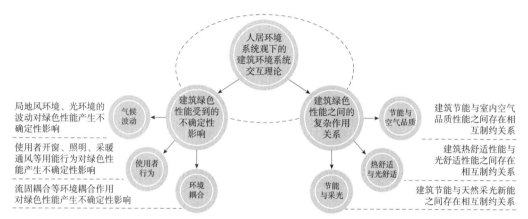

图2-5　人居环境系统下的建筑环境系统交互理论[17]

2.1.4　复杂性科学理论

　　人居环境科学的问题是一个复杂的系统，吴良镛先生用"复杂的开放巨系统"来描述人居环境科学。我们需要通过建立人居环境问题与复杂性科学问题之间的关联，进一步使用复杂性科学理论方法解决人居环境问题。

　　兴起于20世纪80年代的复杂性研究或复杂性科学，是系统科学发展的新阶段，也是当代科学发展的前沿之一。尽管目前它仍处于发展形成阶段，但已引起了科学界的广泛重视。复杂性科学具有以下一些特点：①它只能通过研究方法论来界定其量尺和框架。通过研究方法论来界定或定义复杂性科学及其研究对象，是复杂性科学的重要特征。②它不是一门具体的学科，而是分散在许多学科中，是学科互涉的，从传统的分类学科到现在的交叉学科，甚至很难说清它的边界所在。③它力图打破传统学科之间互不往来的界限，寻找各学科之间的相互联系、相互合作的统一机制。

　　钱学森认为，根据组成子系统以及子系统种类的多少和它们之间的关联关系的复杂程度，可把系统分为简单系统和巨系统两大类。若子系统数量非常大（如成千上万、上百亿万亿）则称为巨系统。若巨系统中的子系统种类不太多（几种、几十种），且它们之间关联关系又比较简单，就称作简单巨系统，可以略去细节，用统计学方法和热力学熵的方法来研究。

如果子系统种类很多并且有层次结构，那么它们之间的关系就很复杂，这就是复杂巨系统。如果这个系统又是开放的，就称为开放的复杂巨系统。例如，生物体系统、人脑系统、人体系统、地理系统（包括生态系统）社会系统、星系系统等，它们又有包含嵌套的关系。这些系统在结构、功能、行为和演化方面都很复杂。如果系统中还有人的参与，具有学习和适应能力，就是社会系统。对于开放的复杂巨系统，由于组分种类繁多，子系统之间的非线性相互作用异常复杂，关联方式具有非线性、不确定性、模糊性和动态性等；系统还具有复杂的层次结构，时间、空间和功能等层次彼此嵌套，相互影响；系统与环境还有相互作用，系统具有主动性、适应性和进化性等。人居环境符合开放的复杂巨系统，由于其组成十分复杂庞大，相互影响、相互制约的因素很多，因此人居环境科学问题从来都是十分困难的问题。

复杂性科学理论作为研究建筑智慧设计的理论方法，用于理解和研究人居科学，同时与人居环境系统理论相结合形成了建筑智慧设计的基础理论框架。在具体设计方法上，需要应用计算机技术，引入机器学习方法，将复杂性科学理论与建筑性能智能优化设计理论相结合，形成"复杂性科学视角下的建筑绿色性能智能优化设计理论"。

2.1.5　建筑性能智能优化设计理论

欧盟的"建筑能效指令"（Energy Performance of Building Directive，EPBD）要求 2020 年后所有欧盟新建建筑实现"近零能耗"；1986 年我国首部节能设计标准颁布，现今已相继出台、修订数十部节能设计标准与规范。建筑节能目标持续提高，节能设计要求日趋严格。建筑绿色设计标准的提高与数字技术的普及促发了"性能驱动"设计思维的发展。

随着建筑节能设计目标和要求的提高，既有节能设计理论的局限性凸显，建筑性能智能优化设计理论建立在人居环境系统理论和复杂性科学理论的基础上，提升建筑节能设计信息化、智能化水平，满足绿色建筑设计的要求。

"复杂性科学视角下的建筑绿色性能智能优化设计理论"立足复杂性科学视角，借鉴自然智能系统运行机理，融合机器学习与软计算（Soft Computing，SC）科学原理，结合对建筑师问卷调查与访谈结果的统计分析，解析建筑师在设计决策制定过程中的认知行为特征和思维逻辑规律，契合建筑绿色性能优化问题求解的不确定性和耦合作用特征，为建筑智慧设计方法整合"自上而下"和"自下而上"的建筑设计过程奠定理论基础（图 2-6）。

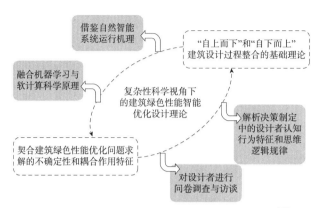

图 2-6　复杂性科学视角下的建筑性能智能优化设计理论[17]

　　建筑性能智能优化设计是建筑学、暖通空调、土木工程等多学科交叉的研究领域，涉及局地气候环境、使用者行为、建筑形态空间、材料构造等多类型、多格式和多学科数据。随着建筑绿色性能指标体系向复合化方向发展，智能优化设计需要权衡考虑的性能指标逐渐增多，过程中涉及的建筑形态空间、材料构造和运行维护等设计参量类型也大幅增加，对海量数据处理能力提出了挑战，迫切需要发挥计算机的算力优势，突破建筑性能优化设计过程中的数据处理分析瓶颈。同时，当代建筑美学的多元化发展和公众审美的提升，也要求建筑性能优化设计准确反映设计者对建筑美学的主观表达（图 2-7）。面对新挑战，建筑性能智能优化设计需发挥计算机对复杂性问题的求解能力和对设计者的引导作用。

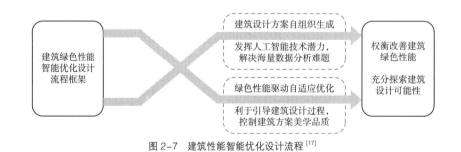

图 2-7　建筑性能智能优化设计流程[17]

　　人工智能技术愈发广泛地应用于建筑创作中，为设计者提供了更有力的技术和平台支撑，推动了建筑产业的信息化升级与转型。随着我国建筑存量激增，建设需求已从总量短缺转为结构性供给不足，从粗放满足面积需求转向高品质空间需求。据此，要求建筑性能智能优化设计权衡考虑建筑节能减排与使用者舒适度提升需求，进一步提升建筑空间品质，回应结构性供给需求，以进一步促进建筑产业"智慧化"发展。

习题：

1.《营造法式》中模数化设计方法如何体现？对设计和建造起到了何种作用？

2. 人居环境由哪些系统构成？

3. 复杂性科学有何特点？

4. 建筑性能智能优化设计理论对于建筑设计有哪些重要作用？

思考题：

如何理解人居环境系统观与传统建筑学科之间的关系？

2.2　建筑智慧设计方法

20 世纪 60 年代以来，数字技术开始进入建筑学者的视野，随之涌现了一批基于数字技术的建筑设计方法：威廉·米歇尔（William Mitchell）提出的计算机辅助设计，约翰·弗雷泽（John Frazer）提出的进化建筑（Evolutionary Architecture），乔治·斯蒂尼（George Stiny）提出的形状语法（Shape Grammar）等，都属于建筑智慧设计方法的早期探索。

伴随着建筑智慧设计理论的成熟，相应的设计方法在信息化、智能化的推动下同步发展。在"人居环境系统理论""复杂性科学理论"和"建筑性能智能优化设计理论"的基础之上，建筑智慧设计形成了由"自上而下""自下而上"和"性能驱动"构成的建筑智慧设计方法体系。

2.2.1　"自上而下"智慧设计方法

"自上而下"设计方法是以设计者为主体，基于设计者主观判断制定设计决策的方法。其形成于建筑师建造实践的积累，通常对数字技术的依赖程度较低，设计者基于经验认知制定策略，对建筑形态、空间与材料构造进行调整，是环境数据分析与数字技术匮乏时代的经验性产物。

"自上而下"设计方法历史悠久。中世纪时期，应用"自上而下"设计方法的哥特式建筑；文艺复兴时期，达·芬奇应用"自上而下"设计方法创作的教堂设计方案。虽然不同时期的设计风格不同，但本质上都是"自上而下"的建筑设计。随着"自上而下"设计方法的不断演变，建筑草图作为设计者重要的思考媒介也从建筑制图中独立出来，成为一个专有名词，促进了"自上而下"设计方法在建筑实践中的进一步推广应用。

　　从人的认知过程来看，"自上而下"设计方法是一个将人的认知和创造性逐渐深入的过程，设计者通过观察和思考，提供给原设计方案一个新的反馈，再基于设计概念对既有设计方案进行推演，以此构成了"自上而下"的往复过程，并在此过程中不断完善设计者对于建筑的构想。

　　"自上而下"设计方法借助探索型和表达型草图的绘制来实现设计者的目的，具有以下四方面特征。

　　1）持续性，随机性。"自上而下"设计方法是辅助设计者进行思考和传递设计构思的方法，便于启发设计灵感和激发创造性，有助于设计和研究。

　　2）创造性，不确定性。进行建筑设计需要创新性地解决各种问题，而形象化是创造力的核心，能使想象力集中。"自上而下"设计方法的模糊性恰恰可以给设计带来创造性。

　　3）弹性，信息叠加性。设计过程中往往要进行多方案比较和试错，设计方法也不是孤立和僵化的。设计过程中需要设计者具有弹性思考的能力，不断探索新的可能性，随时对已产生的观念进行调整。

　　4）及时性，高效性。"自上而下"设计方法，能够帮助设计者高效地分析设计目标与设计参量之间的关系，较为直观，易于学习掌握。

　　然而"自上而下"设计方法存在着明显局限。设计者在头脑中组织大量信息，不仅包括建筑材料，空间等建筑信息，也包含行为、心理、地形、气候、交通等非建筑信息，还会受到艺术、经济、文化等背景的影响。设计者将这些信息转化为自身的设计语言后，展现在方案设计中。但是，可能由于设计者的经验或草图绘制能力的缺陷而导致创意夭折，或由于信息的遗漏而导致方案不完善。同时，简化的图解很难传达深层的建筑信息，影响信息的开放性和可发展性。另外，"自上而下"设计方法也存在技术层面的局限。如法塔赫布尔西格里城夏季宫殿外墙设计，由于不具备热舒适分析能力，只能基于经验尽可能提高开孔率，以确保夏天自然通风降温效果，导致宫殿在冬季散热量过高，破坏了建筑的热舒适性（图2-8）。

　　随着建筑性能仿真模拟技术的推广，"自上而下"设计方法逐步向着"智慧化"的方向发展。"自上而下"智慧设计方法在节能设计决策制定过程中引入建筑性能

图2-8　法塔赫布尔西格里城夏季宫殿的花窗设计 [22]

模拟工具来提高节能设计精度（图 2-9）。通过正交实验和控制变量实验分析建筑设计参数对建筑能耗和光热性能的影响，基于实验结果制定节能设计策略。

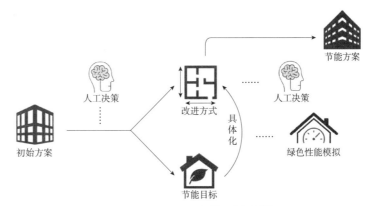

图 2-9　"自上而下"智慧设计方法 [23]

荷兰 MVRDV 建筑事务所设计的电力公司项目是一座被光伏板覆盖的建筑，毗邻海岸线，具有良好的日照条件。方案在形体的处理上使建筑表面的太阳辐射量尽可能达到最大，通过光伏板，接收太阳辐射，实现太阳能发电 [24]。事务所根据"岩石"形态生成逻辑建构基本体量，根据日照模拟分析结果设置光伏板并调整其最佳角度。在完成基本形态的生成后，事务所根据使用功能需求调整建筑形态，在不断的调整过程中得到最佳形态的方案（图 2-10）。

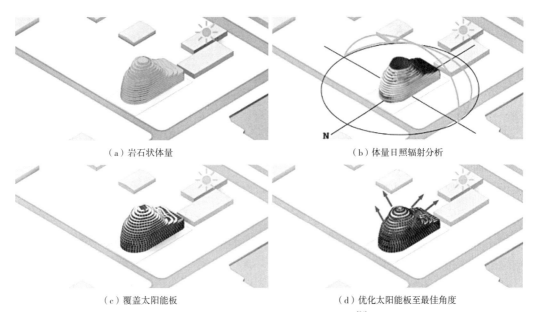

（a）岩石状体量　　　　　　　　　　　（b）体量日照辐射分析

（c）覆盖太阳能板　　　　　　　　　　（d）优化太阳能板至最佳角度

图 2-10　台湾电力公司建筑形态生成过程 [24]

　　近年来，"自上而下"智慧设计方法研究按照尺度扩大和复杂度增加两个方向发展，一方面由建筑单体向城市街区扩展，基于住区建筑间距、街区密度、组团布局等城市街区设计参数与能耗的关系的讨论，形成了一系列城市街区尺度节能设计方法与策略；另一方面，由标准形态建筑向非标准形态建筑设计参数拓展，如吴雨洲应用CFD模拟工具解析吉巴乌文化中心非标准曲面形态设计参数与建筑自然通风性能的量化关系，并提出优化策略[25]（图2-11）。

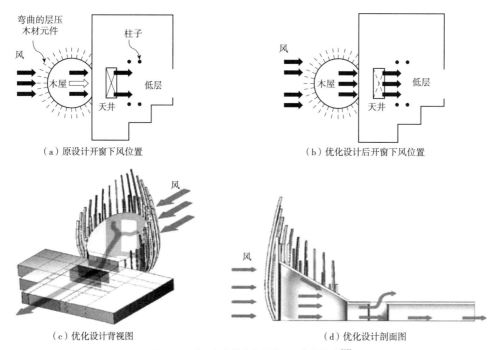

（a）原设计开窗下风位置　　　　　　　　　　（b）优化设计后开窗下风位置

（c）优化设计背视图　　　　　　　　　　（d）优化设计剖面图

图2-11　吉巴乌文化中心自然通风优化策略[25]

2.2.2　"自下而上"智慧设计方法

　　"自下而上"智慧设计方法以建筑元素为设计起始点，结合建筑功能需求、场地条件制约、建筑结构选型、建筑能耗规律、室内物理环境等特征，制定生成设计规则，推动建筑元素以自组织方式形成建筑设计方案（图2-12）。"自下而上"智慧设计过程中，设计者制定生成设计规则、控制生成设计初始参量类型和参数，但不限定建筑元素自组织生成的结果。因此，在"自下而上"智慧设计中，设计决策的制定主体由设计者转变为生成控制程序，设计对象由最终的建筑设计方案转换为建筑智慧设计过程，深化了建筑智慧设计中的计算性思维和数字技术应用。

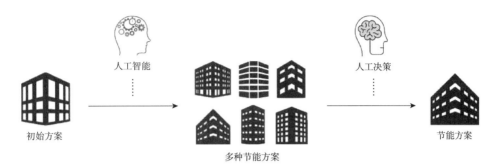

图 2-12 "自下而上" 智慧设计方法 [24]

　　早期的"自下而上"智慧设计方法研究源于克里斯蒂诺·索杜（Celestino Soddu）提出的生成艺术与设计（Generative Art and Design）理论，他应用生成设计方法重构了威尼斯城市街景。计算机辅助建筑设计和建筑信息建模技术为建筑设计过程中建筑环境与性能信息的综合集成提供了技术支点，极大地强化了设计者对建筑环境系统要素的整体控制力。这不仅为设计者提供了更全面的信息基础，也激发了生成式设计思维的萌发。这一革新性的工具和方法使得设计过程更为灵活和创新，为建筑领域的可持续性和效能提升注入了新的活力。

　　1977 年，建筑学家克里斯托弗·亚历山大（Christopher Alexander）在建筑形态的分类总结与凝练的基础上，撰写了《建筑模式语言》（*A Pattern Language*），系统性地提出了建筑模式语言（Pattern Language）——一种建筑体系可操作的生成语法 [26]。模式语言促成了计算机面向对象的编程语法模式的诞生与革新，解决了计算机软件工程复杂操作的难题。建筑学的模式化特征影响了计算机编程语言的发展，证明了建筑形态生成具有程序化与系统化的潜力。

　　"自下而上"智慧设计方法吸引了国内外大量学者的关注，如作者团队探索了风环境引导下的建筑节能设计研究，基于夏季通风与冬季防风设计目标制定生成设计规则，应用风环境模拟数据驱动建筑形态生成，从而改善建筑夏季自然通风性能，提高建筑形态在冬季的寒风防护能力。普利兹克奖得主汤姆·梅恩（Thom Mayne）致力于高效率生成多样化设计方案的机器学习研究，其设计事务所 Morphosis 在一项研究中通过 Grasshopper 对生成规则进行定义，快速生成了 100 种不同的设计方案 [29]（图 2-13）。

　　在 2016 年，建筑师何宛余创立了小库科技（Xkool）。这家公司旨在借助深度学习技术的强大能力，帮助建筑师们在云端展开富有个性和创新思维的建筑设计工作。小库科技的成立，标志着建筑界与科技的融合进入了一个新的里程碑（图 2-14）。两年后，在美国哈佛大学，建筑师斯坦尼斯拉斯·沙尤（Stanislas Chaillou）在其硕士论文中，开发了一款名为 ArchiGAN 的设计工具（图 2-15）。这款工具基于生成对抗网络（GAN）的原理，专门用于解决建筑空间布局生成的问题。它不仅能够应对传统建筑设计的挑战，更在应对不规则形态建筑时展现出惊人的适应性，为建筑设计领域带来了全新的视角和可能性。2020年，Wallgren Architecture 事务所与瑞典建筑公司 Box Bygg 携手合作，共同开发了 Grasshopper 平台下的生成式设计插件 Finch。这款插件的推出，极大地提升了设计工作的效率，使得设计师们能够更加

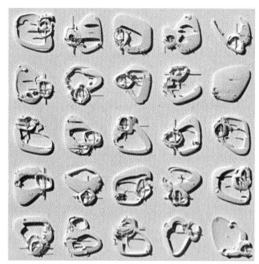

图 2-13 Morphosis 事务所的形态生成探索[29]

专注于创意的发挥，而非陷入繁琐的重复性劳动中。通过应用 Finch 插件，事务所成功解决了众多设计任务，实现了设计流程的优化和升级。从何宛余的小库科技，到斯坦尼斯拉斯·沙尤的 ArchiGAN，再到 Wallgren Architecture 事务所与 Box Bygg 的

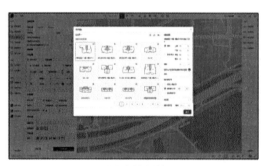
（a）规划设计

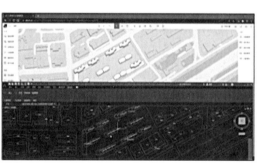
（b）CAD 联动

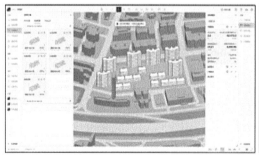
（c）方案生成

（d）强排优化

图 2-14 小库强排方案生成设计工具[27]

 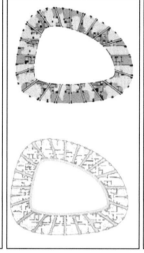 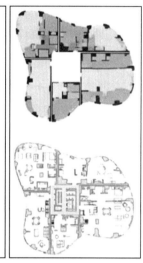

（a）形态 1 方案布局　　　　　（b）形态 2 方案布局　　　　　（c）形态 3 方案布局

图 2-15　ArchiGAN 方案生成设计工具[29]

Finch 插件，这些科技与建筑设计的结合，不仅推动了建筑行业的创新发展，也为设计师们提供了更加高效、智能的设计工具，让他们能够在更广阔的领域里展现出更加出色的设计才华。

"自下而上"智慧设计方法引领了设计的新趋向，为设计者提供了解决问题的新思路。这种设计方法将多种因素纳入考虑范围，衔接数字技术进行自组织，具有以下特征。

1）自组织性，逻辑性。在"自下而上"智慧设计方法中，设计过程不再机械地被划分为若干步骤，而是转化为某种可控规则下的自组织运动。构成要素按照一定的生成逻辑，通过自组织生成建筑形态。自组织规律是生成设计的核心。

2）随机性，创造性。"自下而上"智慧设计方法，基于生成规则，控制生成过程，生成的方案在形态和空间上具有随机性，充分发挥了数字技术的计算优势，增强了设计者的创造性探索能力。

3）开放性，包容性。"自下而上"智慧设计方法的另一个特征是转译规则的开放性。设计过程能够综合评价各类设计要素，由于其包容性，能够将多类型设计目标融入设计过程，形成更加独特的设计结果。

4）过程性，动态性。"自下而上"智慧设计方法不同于面向结果的静态设计方法，是面向过程的动态设计方法。在建筑生成设计过程中，设计者需对建筑生成设计规则进行逻辑设定和系统建模，无需对生成结果进行限定。系统中的信息受到生成设计过程的动态影响，导致随机性和不确定性，也必然导致建筑设计结果的多样性。

5）交互性，关联性。"自下而上"智慧设计方法的交互性和关联性特征是其非线性的自然属性的客观呈现，建筑设计要素之间的相互影响和相互作用并不以简单的线性叠加来分析和计算，而是以多要素的交互作用和关联分析协同考虑。建筑功能的合理化是无法通过简单地在空间中随机添加所需功能空间来实现的，而要兼顾多要素对建筑"自下而上"智慧设计过程的影响来综合考虑。

"自下而上"智慧设计方法基于生成逻辑，由设计者制定生成规则，通过计算平台的自组织生成设计结果。设计过程虽然避免了主观干预，充分利用了参数化技术对于建筑设计过程的引导作用，但是未能发挥设计者对于建筑设计决策的控制作用，导致最终的设计结果不确定性过大，超出预期而难以实施。虽然设计者能够通过制定生成设计规则，在一定程度上引导自组织过程，但是建筑元素在自主组织过程中并不受设计者控制，每一次计算均具有不确定性，并在多次计算中进一步放大，难以准确控制其性能水平。

"自下而上"智慧设计方法借助数字技术，有效提升了建筑智慧设计过程对建筑性能的量化，但也限于其设计过程的自主组织特征，设计结果存在较大的不确定性，容易导致建筑结构不合理、经济性差等问题。但是"自下而上"智慧设计思维，开创性地将参数化技术引入建筑设计过程，对"性能驱动"智慧设计思维的发展起到了重要的作用。

2.2.3　"性能驱动"智慧设计方法

"性能驱动"智慧设计方法，相比"自下而上"智慧设计方法更具主观控制性，发挥了设计者的主观约束作用；相比"自上而下"智慧设计方法具有更强的设计可能性探索能力，发挥了数字技术优势，其相关技术研究受到国内外学者关注。2019年，东南大学李飚团队提出了将整数线性编程应用于城市设计中的方法，基于常用的城市设计原则对城市尺度下的平面布局展开自组织生成式设计[31]。澳大利亚迪肯大学建筑与建成环境学院（School of Architecture and Built Environment，Deakin University）的阿米尔·塔巴德卡尼（Amir Tabadkani）等采用遗传算法（Genetic Algorithm，GA）展开采光性能导向下的建筑表皮生形研究[32]（图2-16）。土耳其法提赫大学建筑系（Department of Architecture，Fatih Sultan Mehmet Vakif University）的阿斯利·阿吉尔布（Asli Agirbas）提出了一种建筑表皮的群体智能找形方法，该方法适用于建筑概念设计阶段，可有效解决采光性能导向下的表皮形态自动生成问题。2020年，诺曼·福斯特事务所（Foster+Partners）在阿里巴巴集团上海总部大楼项目中明确强

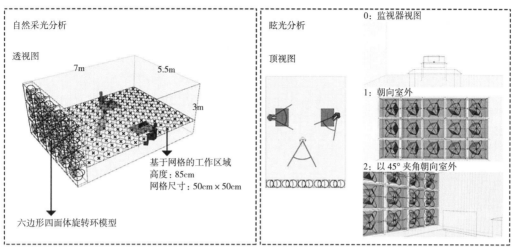

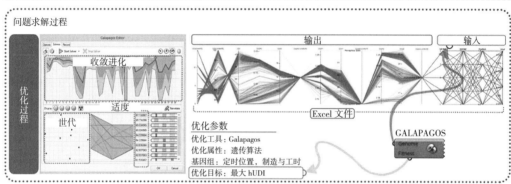

图 2-16　采光性能导向下的建筑表皮生形过程 [32]

调了遗传算法的应用 [40]。通过为遗传算法编写设计目标的适应度函数实现了高度响应环境条件、最大化外部视野并满足不同空间的特定功能需求的设计目标。作者团队提出了基于 Rhinoceros 和 Grasshopper 的 GANN-BIM 数字化节能设计平台，为设计者展开多绿色性能权衡下的性能驱动设计提供技术支持。

　　基于对"自上而下"设计方法和"自下而上"设计方法的评价与反思，学界转而寻求将参数化技术与建筑设计过程结合的平衡，在充分发挥数字技术强大计算能力的同时，保留设计者的引导和约束。"性能驱动"智慧设计方法相较于"自下而上"智慧设计方法，发挥了设计者的主观约束作用，相较于"自上而下"智慧设计方法，"性能驱动"智慧设计方法又具有更强的对设计可能性的探索能力。

　　"性能驱动"智慧设计方法以建筑性能为设计目标，根据场地气候环境特征和设计功能要求，以建筑功能使用、室内物理环境和空间舒适度等条件为触发，应用遗传优化算法等方法制定建筑设计策略，基于计算机生成建筑的相对最优解集，再由设计

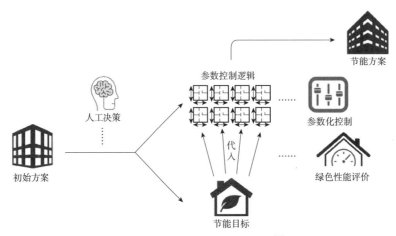

图 2-17　"性能驱动"智慧设计方法 [23]

者对计算得出的建筑设计方案的相对最优解集进行筛选，得出建筑设计的相对最优可行解（图 2-17）。

　　如果将建筑性能定义为使用者需求与功能要求的整合，那么"性能驱动"智慧设计方法可以被阐述为"通过对建筑设计相关的多学科因素的评价来科学地回应建筑性能需求的过程"。它具有以下特征。

　　1）双向性。"性能驱动"智慧设计方法强调多性能指标的平衡，成果选择与主观控制的自上而下优化筛选过程。同时"性能驱动"智慧设计方法不同于"自上而下"智慧设计方法的主观决策过程，引导设计者综合应用建筑性能模拟、建筑信息建模和遗传优化搜索技术，实现对参数化技术的综合应用。"性能驱动"智慧设计方法兼顾了"自上而下"与"自下而上"两个向度，能够平衡设计过程中计算机客体与设计者主体的决策作用。

　　2）全面性。"性能驱动"智慧设计方法的发展，基于遗传优化搜索技术，提高了设计者对于建筑复合性能的全局优化能力，能够发挥算法对建筑设计解空间的全局搜索技术优势，可在设计过程中显著拓展建筑方案可能性，突破了既有多方案比较试错的方法，对建筑可能性的搜索呈现出全面性特征。

　　3）耦合性。"性能驱动"智慧设计方法以性能要素为驱动力，在满足各项性能需求的前提下，创造出多样的空间形态，并由设计者从中选出最佳方案，实现对多目标问题的优化求解。在求解过程中性能驱动，设计思维可耦合，考虑温度场、湿度场等物理场的叠加作用和相互影响，通盘考虑呈现出负相关关系的多种建筑性能目标，也呈现出鲜明的耦合性特征。

4）高效性。在建筑设计过程中常通过性能模拟比较多个设计方案，制定设计决策调整方向。通常在已完成的建筑方案的基础上进行建筑性能模拟分析与评价，需对建筑方案进行反复调试，效率很低。"性能驱动"智慧设计方法借鉴自然物种进化机理，展开种群迭代计算，可显著提高设计效率。

"性能驱动"智慧设计方法需要设计者掌握一定的参数化设计方法与技术相关知识，相较于其他建筑设计方法，对设计者的知识结构和专业水平提出了更高的要求，需要依托智能化水平较高的设计工具进行推广应用（图 2-18）。

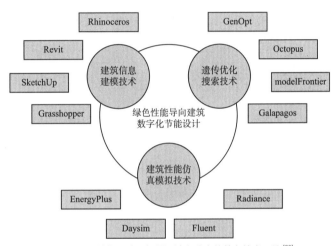

图 2-18　"性能驱动"智慧设计方法中的数字技术工具[36]

习题：

1."自上而下"设计方法的局限有哪些？

2."自下而上"智慧设计方法的特征是什么？

3."性能驱动"智慧设计方法具备哪些优势？

思考题：

在设计领域，有哪些"自下而上"设计的优秀案例？在此过程中，设计师的价值如何体现？

2.3　建筑智慧设计技术

随着计算机科学的突破性发展和数字化转型的深入推进，人工智能技术、BIM 技术等尖端科技为建筑领域带来了全新的研究视野和实践路径。这些新兴技术不仅支持环境信息的集成建模，推动设计方案的智慧生成，还助力于建筑的绿色性能预测以及建筑方案的智能决策，致力于实现设计过程的高效与智能。它们共同构建了一套完善而多元化的建筑智慧设计技术体系，极大地提升了建筑设计的精准度、灵活性和便利性。本节将详细探讨并深入介绍这些智慧设计技术，全方位解析其在现代建筑设计中的实际应用与积极意义。

2.3.1　环境信息集成建模

环境信息集成模型在建筑智慧设计领域占有举足轻重的地位，为建筑设计方案的智慧生成、建筑绿色性能预测与建筑方案智能决策提供了坚实而全面的数据基础，辅助实现建筑设计环节从"数形分离"向"数形集成"的重大转型，环境信息包括城市空间信息、局地气候信息与建筑信息。

1）城市空间信息建模

空间数据是指以地球表面空间位置为参照的自然、社会、人文、经济数据，具有空间特征、时间特征与专题特征。空间数据所表达的信息即为空间信息，反映了空间实体的位置以及与该实体相关联的各种附加属性的性质、关系、变化趋势和传播特性等的总和。城市空间信息即与城市这个特殊的区域相关联的地理空间信息的总称，是集成环境信息的重要一环，为可见度分析、能源需求预测和太阳辐射模拟等性能模拟分析提供重要数据支持。

在计算环境中，收集、处理并集成城市空间信息并创建模型以综合管理分析，即为城市空间信息建模。所得模型包括城市二维模型与城市三维模型。相较二维模型，三维模型更好地反映了真实城市形态特征，辅助实现多应用场景下的环境分析与设计决策。因而随着地理信息技术（Geographic Information System，GIS 技术）的发展，人们越来越多地要求从真三维空间来处理问题。

城市三维模型（Three Dimensional City Model）是城市地形地貌、地上地下人工构筑物等的三维表达，反映对象的空间位置、几何形态、纹理及属性等信息，但在建筑设计阶段，主要关注城市地上部分。其按照对象划分，主要包括地形模型、建筑模型、交通设施模型、管线模型、植被模型及其他模型等数据内容。各类模型按表现细节的不同可分为 LOD1、LOD2、LOD3、LOD4 等细节层次，如表 2-1 所示。

低精度的三维模型通常可以通过对二维矢量数据进行简单的挤压变形来构建，适用于快速生成城市概貌；而高精度的三维模型则可基于遥感技术、摄影测量和激光扫描技术，以及传统的三维建模方法实现。其中摄影测量和激光扫描在灵活性和捕捉环

模型分类与层次细节　　　　表 2-1

模型类型	LOD1	LOD2	LOD3	LOD4
地形模型	DEM	DEM+DOM	高精度 DEM+ 高精度 DOM	精细模型
建筑模型	体块模型	基础模型	标准模型	精细模型
交通设施模型	道路中心线	道路面	道路面 + 附属设施	精细模型
管线模型	管线中心线	管线体	管线体 + 附属设施	精细模型
植被模型	通用符号	基础模型	标准模型	精细模型
其他模型	通用符号	基础模型	标准模型	精细模型

境细节及纹理方面具有显著优势，能够更真实地再现地物特征。与依赖人工的传统建模相比，这些自动化技术大幅提高了工作效率，减小了劳动强度，尤其在处理大规模和复杂场景时更显优势。

　　基于遥感技术的三维模型构建为利用从遥感平台搭载的遥感器捕获的远程感测数据，通过数字处理和分析技术，生成地面或地表特征的精确三维数字表示。摄影测量技术对从不同平台（如飞机、无人机、卫星、地面车辆与手持设备）获取的高分辨率光学图像进行包括图像的配准、校正、立体视觉匹配以及其他相关技术的数字处理，构建出精确的三维模型。摄影测量不仅可以捕捉地面特征，还拥有较高的精度渲染细节。其中基于低空摄影测量的智慧建模技术是较有代表性的技术之一（图 2-19）。

　　激光扫描技术通过部署在空中平台如飞机或无人机上或地面平台上的激光雷达（LIDAR）系统，包括三脚架上的扫描仪或移动测量系统，发射激光脉冲并测量从物体表面反射回来的时间来确定点的精确位置，创建高密度的三维点云，随后通过软件处理转换成精确的三维模型。激光扫描特别适用于需要高精度三维数据的应用，如灾害评估和环境监测应用场景。

　　传统三维建模通过三维软件手动构建数字模型，重现每个细节以保证模型的真实度，但较为耗时耗力。

　　2）局地气候信息建模

　　局地气候（Local Climate），又称地方气候，是指垂直范围和水平范围介于大

图 2-19　基于低空摄影测量的城市三维模型构建[44]

气候（全球性和大区域的气候）和小气候（如小范围特殊地形下的气候）之间的局部地区的气候特点。如大片森林、大型水库、城市、山地、湖泊等所具有的气候特点，属于局地气候的范畴。

局地气候包括森林气候、水域气候、城市气候、山地气候、湖泊气候等类型。而由于建筑区域多位于城市环境中，因此需集成的局地气候多为城市气候。城市气候是在区域气候背景上，经过城市化后，在人类活动影响下而形成的一种特殊局地气候。

局地气候信息包括光照、气温、降水、风力等气候要素，通常由某一时期的平均值和离差值表征，是建筑设计决策的核心因素，对能耗、光热舒适度等建筑性能有决定性作用。局地气象信息的精准建模揭示了局地气候信息的时空规律，为建筑智慧设计提供关键数据支持，辅助实现科学设计决策。

局地气候信息建模主要分为局地气候信息采集、局地气候信息协同两个步骤。局地气候信息通常通过局地气候实测方式来实现数据信息的采集，如采用便携式气象站和太阳辐射测量仪等装置采集风速和太阳辐射强度等实时局地气候信息。

局地气候信息协同流程包括"局地气候数据处理""局地气候数据分析"与"局地气候模型构建"三个阶段。①"局地气候数据处理"阶段主要对所采集的局地气候信息进行筛选，剔除异常数据并进行数据标准化；②"局地气候数据分析"阶段主要对实测局地气候信息数据进行分析与归类；③"局地气候模型构建"阶段是在前两个阶段的基础上，依据实测局地气候信息特征或实测局地气候信息与预测局地气候信息间的关系进行局地气候信息模型的构建。

所构建的局地气候信息模型可在建模平台中集成，为建筑智慧设计性能预测提供数据支持，部分图像信息可以通过 VR 设备进行可视化，为智慧设计提供直观参考。

3）建筑信息集成建模

建筑信息作为建筑设计的核心数据，涉及了建筑的各个方面，是建筑全生命周期的关键参考，其包括几何信息与非几何信息，囊括建筑的结构细节、材料属性、空间组织、设施布局等多维信息。

建筑信息建模以三维数字技术为基础，集成建筑工程项目各种相关信息，是工程项目相关信息详尽的数字化表达。建筑信息建模能够支持高效、精准且协同的建筑设计和施工。通过建筑信息模型，设计决策和变更可以迅速传达到相关各方，潜在的冲突和问题也能够在建造前得到更好的识别和解决。

根据 Bilal Succar 教授对 BIM 成熟度的划分，BIM 可分为三个阶段：S1 以主体为基础的模型、S2 以模型为基础的协同、S3 以网络为基础的集成[49]（图 2-20）。现今的 BIM 技术已达到了 S3 的水平，支持实现以下基本功能：参数化设计、构件关联性设计与协作设计。

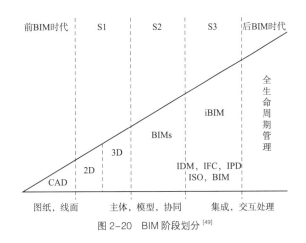

图 2-20　BIM 阶段划分[49]

参数化设计包括构件参数化设计与形体参数化设计。构件参数化设计对已经建立好的构件（称为族）设置相应的可调节参数，进而驱动构件形体发生改变，满足设计的要求。此外，建筑构件还具有一些非几何属性，如材料的耐火等级、材料的传热系数、构件的造价、采购信息、重量、受力状况等。通过参数定义属性的意义在于便于进行各种统计和分析，如门窗表统计。形体参数化设计是指通过定义参数来完成建筑形体的控制，当一个参数改变时，在形体逻辑不变的基础上改变形体尺寸，同时形体所附构件，如幕墙、门窗等，仍保持与形体的逻辑关联。

基于参数化设计，通过建立构件参数间的约束关系，即可完成构件关联性设计，实现某个构件修改时模型相关部分的自动更新。例如修改层高时，该层所有的墙、柱、窗、门都会自动修改调整。关联性设计在提升设计效率的同时，还可解决长期以来图纸之间的错、漏、缺问题。

但正如建筑信息本身的多样性和复杂性，建筑信息建模也面临着处理大量、复杂数据的挑战。此时，通过引入人工智能和其他先进的建模技术，可以实现更高效、更精准的建筑信息建模。作者团队针对建筑信息建模技术"参数化关联程度低"和"多平台数据交互能力不足"的局限，在 BIM 技术基础上提出动态建筑信息建模技术

（D-BIM），以实现模型独立信息的连贯性变化及多个信息的适应性变化，并攻克建筑智慧设计流程在建筑信息建模平台中的应用壁垒。此外，还有 GANN-BIM、P-BIM 等技术在 BIM 技术的基础上被提出，对 BIM 的联动能力、形态控制便利度等方面进行进一步优化。

2.3.2　设计方案智慧生成

设计方案智慧生成是指基于一定的规则，根据所给条件，依托于先进的计算技术与算法，实现自动化方案生成的过程。智慧生成不仅能够实现设计方案的快速生成，大大提高了设计效率，同时还可探索更多设计可能性。

智慧生成通用流程包括原型提炼、计算机建模与方案生成。原型提炼作为建筑生成设计研究的起点，为原初类型、形式或例证设定预设。计算机建模通过对相关领域信息和行为的描述，将真实对象及其相互关系中的特性进行抽象、简化，并利用计算机程序数理方法进行描述和展现。

计算机建模包括概念模型、个体观察、提取与筛选、程序架构与修订等环节。概念模型作为模型构建的理论基础，可以确保模型在特定范围内的有效性；个体观察则是建模者基于公共、专业知识收集信息并操作模型对象的过程；提取与筛选阶段依据建模目的、数据及手段进行信息分析，建立可行计划；程序架构将模型具体化，通过计算机程序将现实观测映射至模型空间；最后修订、比较程序模型与实际系统结果，调整模型参数及程序结构，以符合预定模型计划。

接着采用所建模型进行生成设计，通过计算机模型的迭代与演化探索设计可能性，并基于答案评估部分进行生成方向的控制。

目前的设计方案智慧生成主要集中于以下三个方面：建筑平面或空间布局智慧生成、建筑立面形态智慧生成与建筑体量智慧生成。

1）建筑平面或空间布局智慧生成

建筑平面布局智慧生成是通过规则约束来定义或表达建筑各功能区的拓扑限定，再通过模型系统探索相应约束关系下的平面布局可能性。建筑空间布局生成又被称为空间分配问题（Space Allocation Problem），关注生成满足特定功能拓扑关系的建筑布局[63]。

常见的智慧生成方法包括，需自主定义规则的生成方法和无需自主定义规则的生成方法。自主定义规则的平面或空间布局生成方法包括图论辅助方法、基于物理力的方法、数学规划法、单元格分配方法与空间拆分方法等[54]。其中图论辅助方法较为常用。图论辅助方法将空间布局转化为图结构的形式，以更好地表现各空间的拓扑关系。例如，通过"泡泡图"对平面功能间的关系进行约束，运用多智能体演化算法生成约束条件下的空间方案，如图 2-21 所示。

（a）空间"泡泡图"绘制　　　　（b）平面布局生成　　　　（c）空间布局生成

图 2-21　基于"泡泡图"的建筑空间生成[162]

基于物理力的方法是通过模拟物理力来生成空间布局。该方法首先将空间抽象为圆形或矩形，并通过吸引力与排斥力寻找平衡，最终通过用户的手动调整提升空间布局的美观性[66]，如图 2-22 所示。

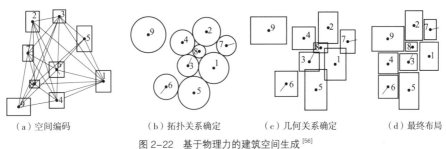

（a）空间编码　　　（b）拓扑关系确定　　　（c）几何关系确定　　　（d）最终布局

图 2-22　基于物理力的建筑空间生成[56]

数学规划法把布局设计参数和功能需求量化为数学公式，以空间中心坐标定位，中心点距离控制连接和邻接。设计约束如无重叠则转化为公式。满足这些约束后，调整位置和尺寸得到可行布局。

单元格分配方法将预定义的建筑物几何体划分为具有相同大小的 3D 单元，为单元分配不同功能实现空间布局生成。该方法通过调整矩阵值满足几何与拓扑要求，获得可行布局，如图 2-23 所示。

空间拆分方法将用预定义的平面图按照序列递归拆分完成生成。序列以数据树形式存储，其中节点代表空间，节点值定位分割线的维度。具体流程为用户设定平面图；

之后将空间尺寸和邻接性编码至数据树以便调整布局方案；接着基于数据树递归拆分初始平面，完成所有拆分得到最后布局，如图 2-24 所示。

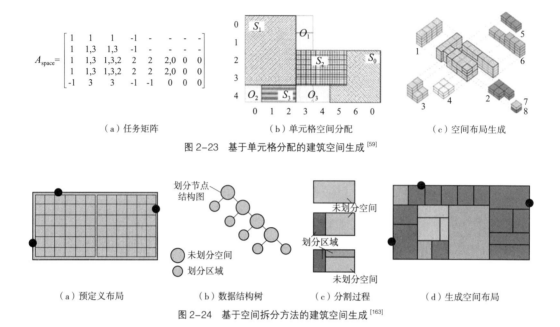

（a）任务矩阵   （b）单元格空间分配   （c）空间布局生成

图 2-23　基于单元格分配的建筑空间生成 [59]

（a）预定义布局   （b）数据结构树   （c）分割过程   （d）生成空间布局

图 2-24　基于空间拆分方法的建筑空间生成 [163]

无需自主定义规则的生成方法主要为基于机器学习的智慧生成方法。采用编程语言定义与构建房间关系存在一定门槛，且对于不同设计条件需对约束条件进行调整，随着方案复杂度提升，生成时间会随之大幅提升。因此，随着图神经网络与生成对抗网络（GAN）技术的发展，基于图条件 GAN 的建筑平面布局生成方法纷纷涌现，可实现将输入的"泡泡图"转化为平面布局。有学者基于体素 GNN 实现分层程序图到空间布局的转化。相较于传统方法，基于神经网络的生成方法具有更强的泛化性与更高的便利性 [59]，如图 2-25 所示。

同时人工智能技术的应用也为无需自主定义规则的建筑平面与空间布局生成提供可能 [71]，有学者以一类住宅建筑平面图为样本，将经历图结构编码的数据基于图表示学习的图神经网络模型，以评图得分为输出结果进行训练，得到了住宅建筑平面图评分预测模型，辅助实现从设计数据到生成结果的建筑方案生成全过程自动化。

2）建筑立面形态智慧生成

建筑立面是地域文化特征的重要表现，其与周边建筑的关系对街区风貌塑造起到至关重要的作用。建筑立面形态生成主要关注于立面元素的排布与立面风格塑造，图 2-26 展示了基于形状语法的建筑立面生成案例。

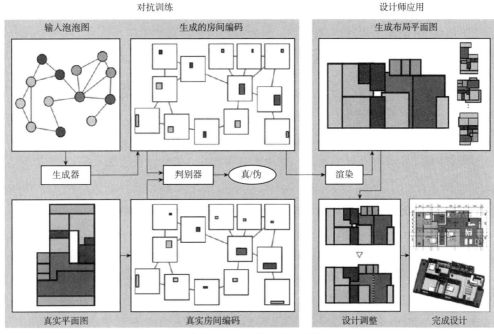

（a）House-GAN平面布局生成[58]

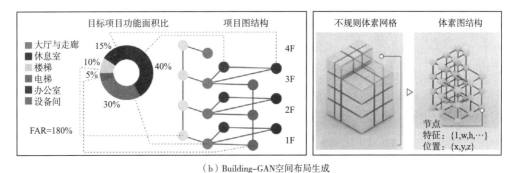

（b）Building-GAN空间布局生成

图 2-25　基于生成对抗网络的建筑空间生成 [59]

　　需自主定义规则的生成方法往往通过规则对立面元素进行控制，从而实现立面智慧生成。例如有学者通过形状语法中的分割语法来实现立面生成，其以基础几何形为起点，通过分割和转换规则递归细化成建筑元素（如窗户、门和檐口），并能够根据属性信息自动选择不同风格元素，以适应不同的设计需求。

　　而随着人工智能技术的发展，无需自主定义

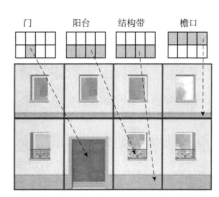

图 2-26　基于形状语法的建筑立面生成 [164]

规则的深度学习方法为风格化立面智慧生成提供了新可能。有学者基于 StyleGAN2 实现无需条件输入的建筑立面图像生成，并通过对训练模型的潜在空间进行分析和调控，实现了对生成图像和新图像的高级属性控制（图 2-27a）。此外，深度学习技术也为指定风格化立面生成提供可能。有学者基于 GAN 构建立面元素图到历史街区风格的映射，实现历史街区风格立面生成[73]（图 2-27b）。

3）建筑体量智慧生成

建筑体量（Building Mass 或 Architectural Mass）一般是指建筑物的空间体积及其形态特征，包括建筑的长度、宽度、高度等。建筑体量区别于建筑表皮，是对建筑空间占有量的描述，对建筑竖向与横向尺度、建筑形体等三方面做出限制要求。

（a）建筑立面图像生成

（b）历史街区风格立面生成

图 2-27 无需规则定义的建筑立面生成[61, 62]

需自主定义规则的生成方法通常通过如形状语法（图 2-28）、元胞自动机等系统模型进行制定规则下的形态探索，探索类型较为受限，生成方向也难以控制。

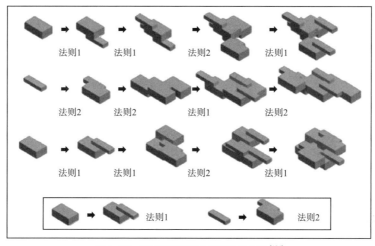

图 2-28　基于形状语法的建筑体量生成 [164]

而图像翻译技术、图像补全技术、三维模型生成技术与风格迁移技术等人工智能技术，为建筑体量提供了高自由度生成与风格化转换的可能性。有学者将建筑体量编码为具有特征参数的结构化数据，通过自定义人工神经网络生成矢量化建筑体量模型。该方法突破了传统生成方法的形式限制，探索出更多设计可能性 [59]，如图 2-29 所示。而基于 GAN 的风格迁移技术也为指定方向的建筑体量生成提供支持 [63]。

2.3.3　建筑性能映射建构

建筑性能是建筑设计方案对于预期设计目标的达成程度。预期设计目标包含功能性目标、社会性目标和经济性目标三方面内容，如热舒适水平，工作面照度水平、建筑建设和运行成本等。

建筑性能预测就是利用建筑性能模拟、机器学习等技术，建构建筑设计参量和建筑性能设计目标之间元素对应关系的过程。建筑性能预测可为建筑设计过程提供精确的导向，从而实现设计的优化。按照映射关系建构方法，可将其分为基于白箱模型的性能预测、基于黑箱模型的性能预测与基于灰箱模型的性能预测。

1）基于白箱模型的性能预测

白箱模型是知识驱动的数值仿真方法，其基于理论和物理原理，逻辑结构清晰、可解释性强，被广泛用于揭示和理解各种设计参数对建筑性能的影响。

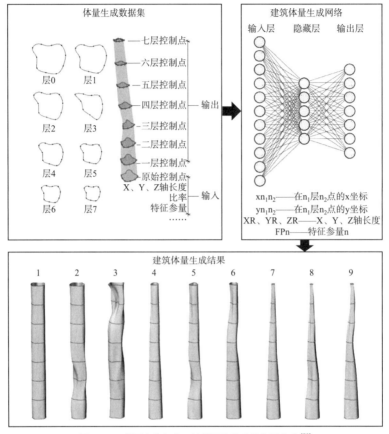

图 2-29   基于自定义人工神经网络的建筑体量生成[59]

白箱模型性能预测即为建筑性能仿真模拟。从物理角度来看，建筑系统具有高度的复杂性，受到多复合参数影响。仿真模型是对真实建筑的数学抽象，对建筑进行较为精确的模拟，并分析关键性能指标，而无需进行密集型测量。因此在处理有明确理论基础的建筑性能预测问题时，白箱模型具有较高的准确性和可靠性。

然而，建筑性能模拟可能采用了具有不确定性的假设，实现以较少输入参数获取预测结果，不确定性假设包括使用者行为、材料特性、设备性能和局地气象数据等。同时白箱模型较难实现计算精度与计算时间的平衡，较高精度的模型可能会导致高昂的计算成本。此外，建筑性能模拟准确性高度依赖设置条件，因而较准确的建筑性能模拟结果对使用者的专业知识具有一定要求。

较为常见的白箱模型性能预测技术包括CFD（计算流体动力学）模拟技术、热舒适模拟技术、采光模拟与眩光分析技术、日照分析技术、声学仿真技术、能耗模拟技术，分别为建筑风环境、建筑热环境、建筑光环境、建筑日照情况、建筑声环境、建筑能耗与碳排的仿真提供支持。

（1）CFD 模拟技术基于流体动力学基础方程，运用数值分析和流体力学原理，深入解析和模拟流体的流动和传热过程。在建筑领域，该技术综合考虑建筑几何形状、边界条件等参数，用于模拟和分析建筑内外的气流和温度动态分布，为建筑性能优化提供理论支持。

（2）热舒适模拟技术基于人体热平衡模型和建筑能量平衡原理，全面评估温度、湿度、气流等因素对人体热舒适度的影响。该技术重点在于室内微气候条件和人体生理响应的综合分析，助力提升室内环境品质。

（3）采光模拟与眩光分析技术通过精确的光线追踪，深入模拟自然光和人工光在建筑空间的传播和分布。考虑材料反射性、外部遮挡等因素，该技术全面评估视觉环境和节能性能，可以推动建筑设计向高效能源利用发展。

（4）日照分析技术运用太阳路径图和具体地理、气象数据，模拟分析太阳光对建筑的直接影响。细致考虑建筑朝向和周围环境，全面评估建筑的日照性能和可能的遮挡效果，为自然照明和高效热性能提供策略支持。

（5）声学仿真技术利用波动方程和声学基础原理，准确模拟声波在不同介质的传播、反射和吸收。针对不同建筑材料和空间形态，全面评估和优化建筑室内的声学性能和舒适度，提升室内声环境品质。

（6）能耗模拟技术结合热动力学和能量平衡原理，对建筑系统进行细致分析。整合气象条件、建筑材料、设备效率和运行策略，精确预测建筑实际运行中的能耗，为建筑节能优化提供科学依据。影响能耗的气象参数包括气温、相对湿度、风速、直射辐射等。

2）基于黑箱模型的性能预测

黑箱模型是指模型的输入和操作对用户与相关方不可见的模型，是数据驱动的预测模型，主要依赖于输入数据和输出结果之间的映射关系来进行预测。

机器学习模型即为黑箱模型。机器学习模型经由大量的数据进行训练，能够识别和学习数据中的潜在模式和关系。这种模型不需事先预知模型的映射关系，在处理复杂、非线性、多变量的建筑性能预测问题时具有显著优势，能够捕捉到复杂系统内在的、难以用物理定律描述的规律性，从而实现准确的性能预测；同时避免了大量运算，实现对各种性能指标的高效准确预测，如建筑能耗、热舒适指标、风速等（图 2-30）。此外，黑箱模型可考虑用户行为和设备运行状态等不确定因素的影响，从而实现针对性的精准预测。

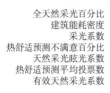

全天然采光百分比
建筑能耗密度
采光系数
热舒适预测不满意百分比
天然采光眩光系数
热舒适预测平均投票数
有效天然采光系数

绿色
性能
指标

建筑
设计
参量

建筑运行时间段
建筑各朝向窗墙比
建筑朝向与层高
建筑外窗透射比
建筑开间与建筑进深比
建筑采暖与制冷设计温度
建筑外围护结构传热系数
建筑内部设备负荷

图 2-30　建筑设计参量与绿色性能指标的关联[37]

然而由于模型可解释性的缺乏，研究者和应用者很难获得模型决策逻辑的直观理解，这不仅削弱了人们对模型的信任，同时也使模型的验证与优化变得异常困难。此外黑箱模型存在过度拟合的情况，其泛化能力也较为有限，限制了模型在未见数据上的应用性能。

基于黑箱模型的性能预测包括数据集准备、机器学习模型建构、机器学习模型训练评估三个步骤。用于训练的数据集可来自实测数据，也可来自性能模拟数据。

机器学习模型可建构数值到数值映射模型与图像到图像映射模型。数值到数值映射可通过回归类机器学习模型实现。如有研究采用 GA-BP 神经网络模型建构建筑形态设计参数与严寒地区办公建筑采暖能耗预测模型，其在实现几秒内的性能结果获取的同时，保持了很高的预测准确性，最优均方误差为 0.6%[37]（图 2-31）。图像到图像映射基于图像翻译机器学习得以实现，可以高效获得性能空间分布情况。有研究通过 pix2pix 模型建构街区建筑深度图与建筑街区风速分布图间的映射，以较小的预测误差实现了街区风速分布情况的快速获取。因此对于在空间上具有非线性分布的性能目标，基于图像翻译模型的预测结果可为设计决策提供更有效的支持。

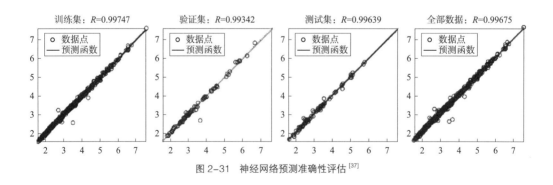

图 2-31　神经网络预测准确性评估[37]

3）基于灰箱模型的性能预测

灰箱模型，也称半机理模型，是指由机理过程与经验相结合的模型，其结合了白箱模型的理论基础和黑箱模型的数据驱动特性。

在建筑性能预测中，灰箱模型利用了既定的物理原理和来自实际观测的数据，以提供更全面、更准确的预测。这种模型综合了理论知识和实际数据，既考虑了系统的物理属性和工程特性，又能够适应复杂、变化的实际情况，从而在多种不同场景下都能展现出色的性能预测效果。

灰箱模型可通过数学模型与机器学习模型整合建构。在灰箱模型中，通常会将基础的物理学原理——例如热力学定律——与实际数据结合。这些基础的物理学原理通常以数学方程的形式表达，以描述系统的基本行为。再利用来自实际系统的经验数据对物理模型进行调整和优化，如图 2-32 所示。这种调整可能包括改变模型参数，或者通过机器学习技术来优化模型的预测性能。

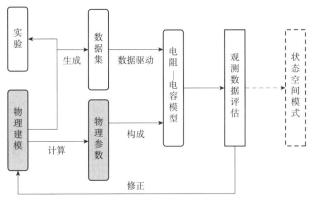

图 2-32　典型灰箱模型建构方法[66]

例如，有学者采用热网络模型等灰箱模型以状态空间形式构建热方程，通过数据驱动求解非线性项，构建建筑不同区域的一段时间的室内温度预测模型，并与黑箱和白箱模型作对比，发现灰箱模型可能比黑箱模型更适合短期预测。

2.3.4　建筑方案智能决策

决策支持技术旨在基于建筑多性能权衡优化目标，通过计算性分析提出建筑设计参数自组织策略，为建筑师制定设计决策提供支撑，加强设计决策制定精度与效率。决策支持技术，按照流程大致可分为基于优化的决策支持技术与基于分析的决策支持技术。

1）基于优化的决策支持技术

基于优化的决策支持技术通过充分探索解空间，并基于各可行解的性能水平计算结果，支持决策制定过程，稳定提供优秀解。基于优化的决策支持技术流程包括优化数学模型建立、优化搜索两部分。

（1）优化数学模型的建立包括优化目标、设计参量与约束条件的确定。建筑设计需同时考虑使用者舒适性、节能减碳水平及经济指标等多重目标，常构成多目标优化问题。在多目标优化设计中，选择与优化目标高度相关的设计参量至关重要。低相关性的设计参量会减少优化目标值的明显变化，从而降低优化效率。因此，必须进行设计参量与优化目标的相关性分析，剔除关联性较差的参量，以提升优化效果和效率。此外，多目标优化的数学模型通过约束条件限制优化目标与参量，受场地现状影响。例如，新建筑应考虑场地内现有建筑，尤其是价值重大者，要避免产生不利影响。此外，建筑设计参量还需满足相关设计规范的约束，如建筑的开间进深比和悬挑距离等。

（2）优化搜索通过优化算法搜索整个设计空间以找到最优解。优化算法凭借其非线性求解能力和多性能权衡能力，在决策支持技术研发中得到广泛应用，呈现出从梯度法到蒙特卡罗法再到进化算法的多元化发展。

然而在建筑设计问题中，由于目标众多，且常有冲突，难以得到唯一最佳解，而是产生一组非支配解。在多目标优化问题中，所有非支配解形成非支配解集，即帕累托前沿，这些解在解空间内不被其他解支配。由于非支配解集内的解相对于其他解具有更少的目标冲突，为决策者提供了更优选择范围，非支配解分布示意如图 2-33 所示。

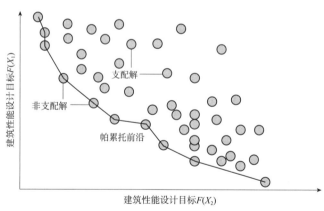

图 2-33　非支配解示意图 [67]

然而由于非支配解并非唯一，且其数量随优化问题维度的升高而大幅增加，因此需要对多目标优化非支配解进行进一步的设计决策。

2）基于分析的决策支持技术

基于分析的决策支持技术即通过不同目标下对解的分析实现解的筛选。其可通过对复杂解空间的降维处理，辅助实现对性能较优解的进一步筛选，从而降低决策难度、提升决策稳定性与决策智能水平。这些技术大致可以分为基于排序的决策支持技术和基于聚类的决策支持技术。

（1）基于排序的决策支持技术通常采用一些排序算法或优先级方法对非支配解进行排序，以辅助决策者进行决策。该技术可直接提供基于性能的最优解，提高决策便利性。然而该技术在支持设计形态与性能分布决策以及根据用户需求进行精确控制上仍显不足，因此，它们在处理特定设计问题时，难以实现针对性的筛选优化。

基于排序的决策支持技术具体包括多准则决策方法（MCDM）、模糊排序和基于偏好的排序等。这些方法能帮助决策者在多个解之间进行权衡，确定最符合他们偏好和目标的解，见图 2-34。例如，有研究采用线性规划、双基点法、香农熵决策技术对升降式建筑风环境的帕累托解进行决策，选择距理想解最近、非理想解最远的解作为决策解。

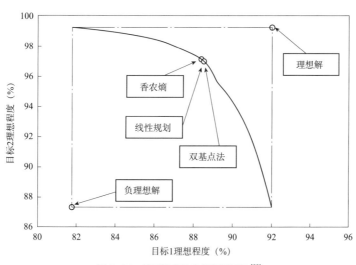

图 2-34　基于排序的决策结果展示[68]

（2）基于聚类的决策支持技术通过分析不同解的共同特征，快速筛选并减少比较量，以降低决策难度。这种技术能够实现多导向聚类，包括建筑形态目标在内的全面筛选，确保解的优化全面性。然而，相比于基于排序的决策支持技术，它仍需人工比较筛选，限制了决策便利性。

基于聚类的决策支持技术常与可视化操作结合，以提升决策便利性和降低决策难度。这种可视化有助于直观展示不同解的性能目标、设计策略类别与环境分布，引导设计师进行决策。例如，建筑形态的可视化能帮助设计师选择最符合设计需求和审美的方案。

此外，设计空间的可视化结果有助于探索设计可能性，全面获取备选方案的多方面信息，加深对信息间关联的理解，系统掌握设计决策。这种可视化能展示备选方案中的设计参数及其与性能目标之间的联系，如分析单一设计参数与性能之间的敏感性关系。这使设计师能更清晰、便捷地找到优秀方案。同时，设计空间的可视化对于深入理解变量与性能的全局关系具有重要作用，为设计师提供多层次的决策支持信息。这将有助于以更有条理、系统化的方式理解和分析问题，从而制定更科学、合理的设计决策。

习题：

1. 请举例论述人工智能技术的引入对设计方案智慧生成所产生的积极作用。

2. 黑箱模型相较于白箱模型的优点与缺陷分别有哪些？

思考题：

从对建筑设计环节的影响考虑，需集成的环境信息包括城市空间信息、局地气候信息与建筑信息。前文讲述了这些信息分别集成建模的方法，然而是否可以将这些信息进行综合集成呢？

2.4　建筑智慧设计工具

随着智慧设计技术不断走向成熟，一系列相应的工具平台也逐渐被研发并投入使用，这为实施智慧设计带来了极大的便利性和可能性。这些工具平台不仅优化了智慧设计技术的实际应用流程，更是架构了一个全面、多元化的技术支持体系，有效推动了智慧设计理念在建筑领域的深入落实和广泛传播。本节将介绍这些工具平台，揭示其在建筑智慧设计中的关键角色和实际应用价值，为智慧设计实践提供参考。

2.4.1　环境信息集成工具

建筑环境集成工具包括城市空间信息建模工具、局地气候信息集成工具与建筑信息建模工具，共同构成一个多层次、多维度的集成平台，致力于环境与建筑的全面高效集成与模拟。城市空间信息建模工具主要负责深入细致地建模城市层面的复杂建筑和环境信息，生成精确的城市环境模型，并提供丰富的建筑周边环境信息。局地气候信息集成工具专注于收集和集成建筑所处区域的气象环境信息，为性能预测和决策提供精准的室外环境信息。建筑信息建模工具以建筑为核心，集成建筑物的几何形态、结构特性、材料属性等信息，实现对建筑性能的精确预测和优化。这些集成工具的协同工作，确保了建筑环境集成的全面性和深入性。

1）城市空间信息建模工具

城市空间信息的集成需借助计算机图形（CG）和数据库管理（DBMS）技术的工具集实现。地理信息系统（GIS）是这类工具的代表。GIS 是一种特定的、十分重要的空间信息系统，它是在计算机硬、软件系统支持下，对整个或部分地球表层（包括大气层）空间中的有关地理分布数据进行采集、存储、管理、运算、分析、显示和描述的技术系统。

面对二维 GIS 在空间数据处理与真实空间信息表达上的局限性，三维地理信息系统（3D-GIS）被提出，其能基于地图数据、遥感数据、摄影测量数据等多源数据构建与集成三维空间数据模型，并通过三维可视化技术直观表达地物与地理现象，并允许用户自由探索与分析三维空间数据。

目前较为主流的 3D-GIS 建模平台包括 ArgGIS、skylineGlobe、SuperMap、Ev-Globe 与 GeoGlobe 等，其中 SuperMap、Ev-Globe 与 GeoGlobe 是国内研发的 3D-GIS 平台。ArcGIS 是美国环境系统研究所公司（Esri）公司开发的 GIS 软件，也是应用最为普遍的 GIS 平台之一。ArcGIS 3D Analyst extension 模块为 ArcGIS 提供了用于在三维（3D）环境中创建、显示和分析 GIS 数据的工具。其支持基于多种类型的 3D 数据创建和执行 3D 分析，如 3D 点、3D 线、3D 面、点云、多面体、TIN、terrain 数据集和栅格等数据类型，同时基于数据进行包括可见性分析、空间关系分析与体积分析等要素分析。

SuperMap 是国内北京超图软件股份有限公司旗下的 GIS 平台，具有二维三维数据一体化、多源数据无缝集成与三维 web 浏览等能力。其采用了 SuperMap SDX+ 空间数据库技术来高效地、一体化地存储和管理二维三维空间数据，升级了二维显示的功能，不仅能够支持将二维的 GIS 数据和地图直接加载到真三维场景中进行显示，而且可以在二维窗口中显示三维数据，在二维地图中使用三维符号，真正实现了二维三维数据一体化，如图 2-35 所示。同时其具备基本的三维空间分析能力，包括量算分析、查询统计分析、通视性分析。

2）局地气候信息集成工具

局地气候信息集成由一系列不同的工具和设施实现，包括气候信息采集工具、信息集成工具乃至可视化工具和物理仿真工具。首先通过用于直接采集数据的气候信息采集工具，如天空扫描仪和风速仪等，实时并准确地获取到局地气候的多方面信息。之后通过如建模平台或 Elements 等信息集成工具协调和整合各类数据和资源，确保

图 2-35   SuperMap 建模与分析 [69]

数据的一致性和完整性，以便更加系统和全面地进行环境分析。部分应用场景还会搭配可视化工具和物理仿真工具，以直观地展示数据分析的结果，并在虚拟环境中模拟各类物理过程，辅助加深对局地气候的特性和规律的理解。

3）建筑信息建模工具（软件）

建筑信息建模是囊括方案设计、建筑性能分析、机电分析、结构分析、模型检查、深化设计与碰撞检测等阶段信息的过程。目前各部分功能的主流 BIM 软件如表 2-2 所示。

BIM 软件分类   表 2-2

软件类型	国外软件	国内软件
核心建模	Revit Architecture\Structural\MEP Bentley Architecture Structural\ Mechanical; ArchiCAD Digital Project	PKPM BIMMAKE 鲁班大师
几何造型	Rhino; Sketchup; Form Z	酷大师
绿色性能分析	Ecotect; IES; Green Building Studio	PKPM
结构分析	Tekla Structure（Xsteel）; Etabs; STAAD; Robot	PKPM; BIMspace 乐构; 鲁班大师恩为 PDST
机电分析	Trane Trace; Design Master; IES Virtual Environment	博超；鸿业 BIMspace 机电
碰撞检查	Autodesk Navisworks; Bentley Navigator; Solibri Model Checker	BIMSee

BIM 软件大致可分为两类：开放式 BIM 与封闭式 BIM。

（1）开放式 BIM 采用开放数据格式的软件构件模型，其模型数据可被其他相关软件无缝读取，无数据损失风险。例如，ArchiCAD 是开放式 BIM 的代表，主打 BIM 轻量化，软件体量更小。尽管功能多样性略有不足，但拥有优秀的信息交互能力，并重视与多款软件的配合使用。ArchiCAD 模型数据采用 IFC 格式，可与约 50 款软件实现开放式 BIM 信息交互，如与 Rhino、Grasshopper、Enscape、Cinema 4D 和 Tekla 等软件无缝交互，满足全流程 BIM 应用需求。

（2）封闭式 BIM 指采用同一供应商开发的软件平台以实现紧密集成的全流程 BIM 应用。典型代表是 Revit，包含 Revit Architecture、Revit Structure 和 Revit MEP 三个系列，服务于建筑、结构和设备领域。Revit 的格式能与 Autodesk 公司的其他 BIM 软件，如 FormIt、Navisworks 和 Ecotect Analysis 进行信息交互。

Revit 是 Autodesk 公司开发的专门为建筑信息模型设计的软件，基于三维模型，集成设计、绘图、分析和协作等功能，实现建筑项目全生命周期管理。其核心是参数化建筑图元，参数化修改引擎确保任何更改自动映射到相关视图中，触发关联变更。在 Revit 中，建筑软件基于墙、柱、楼板、屋顶、门窗等图元；结构软件以梁、板、柱为基础；设备软件图元更多样，如机械、电、泵、消防等系统。图元分为"族—类型—实例"层级，如图 2-36 所示。Revit 机制确保项目中任何变更自动协调一致，保持设计与

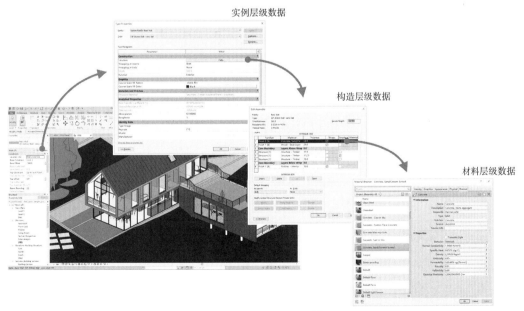

图 2-36　Revit 信息层级[72]

文档的协调、完整与一致性。封闭式 BIM 具备体系完整、功能丰富的优势[72]。

尽管现有 BIM 平台和相关软件已具备实现参数化设计、多专业协同和工程量统计等功能，针对一些具有特定和复杂需求的项目，软件二次开发成为必要，以实现建模流程的简化、数据的互通及满足其他个性化需求。例如，GANN-BIM 设计平台可依托 Grasshopper 平台进行参数化建模和数据处理，能实现更为便捷的标准与非标准形态塑造，并实现了建筑环境信息模型、神经网络模型和遗传优化模型的集成[96]，如图 2-37 所示。

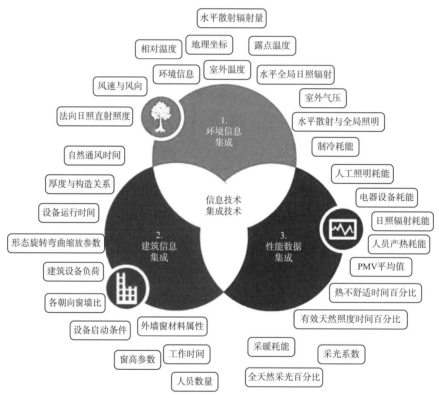

图 2-37　GANN-BIM 建筑信息集成[96]

2.4.2　方案智慧生成工具

建筑方案智慧生成工具主要由模型系统和程序平台两大部分构成。其中，模型系统主要是由一系列特定的算法组成，而这些算法是通过编程语言来表达的。每一种特定的算法集合都可以构成一种独特的模型系统。而这些算法和模型系统在特定的程序平台上的集成运行，从而协同实现特定的功能，智慧生成工具整体架构如图 2-38 所示。

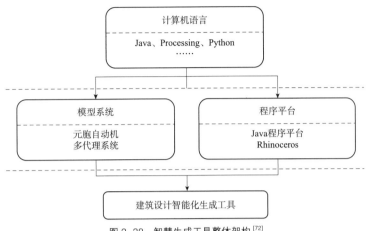

图 2-38　智慧生成工具整体架构[72]

1）模型系统

模型是基于数据对特定系统的简化描述，分为抽象模型和物理模型。在建筑学科中，根据认知原型提炼的模型包括元胞自动机、形状语法、多代理系统、模式识别模型等。

①元胞自动机是一种计算模型，通过简单规则模拟复杂系统生长。为模拟复杂的建筑概念设计，该模型将原有的均质立方体单元替换为多种单元，并升级相邻关系和行为规则为三维空间关系和组合规则。②形状语法作为建筑设计和计算机程序间的桥梁，建立计算机可识别的逻辑和语法系统。③多代理系统由能智能响应变化和需求的代理组成，分为组织管理层、协调层和执行层，是"自下而上"模式的典型模型。④模式识别模型专注于数据模式规律识别，在建筑设计中通过解析输入对象特征参数生成建筑空间组合。⑤基于案例推理的模型，作为人工智能的重要分支，在大数据时代应用广泛，重点在匹配算法和适应机制建立。随着人工智能技术发展，利用神经网络模型构建建筑智能生成模型成为普遍研究方法。卷积神经网络、图结构神经网络和条件生成对抗神经网络等被广泛应用于二维生成模型。这些网络模型能有效生成丰富结构和复杂形态的建筑设计。在三维生成模型方面，3D-GAN 和 3D-CNN 等技术是常见且实用的选择，通过学习和生成能力为建筑设计的三维表达和探索提供丰富灵活的可能性，为现代建筑设计带来革新和拓展。

2）程序平台

计算机建筑设计生成方法研究必须依托于计算机程序开发，分为基于应用软件的二次程序开发和从程序基层平台出发的方法。基于应用软件的二次开发，如 Rhinoceros、

Maya 等，配备优秀的二次开发脚本语言，如 Rhinoscript、RhinoPython、Grasshopper、MEL 等。这类开发方法在现有软件平台上进行，具有较强的可行性和操作便利性，但受原有程序框架限制，功能拓展较困难。

另一类开发方法从程序基层平台出发，针对建筑设计课题原型选取相应的计算机算法模型。此方法需从数学、应用原型学和计算机科学等学科提取具体方法，建立程序模型，通过不断调试和优化开发针对特定课题的生成工具。

3）当前已开发智慧生成工具

"gen_house2006" 是一个 2006 年开发的建筑平面布局设计系统程序，它能够基于"泡泡图"利用多代理系统来生成建筑平面布局[74]。其原运行于 ActionScript 平台，后升级至 Java 平台，新版本名为 "gen_house2007"。这次升级提升了系统的代理数量和运行能力，并实现了与 AutoCAD 的数据接口，增强了其在建筑设计初期的辅助作用。

TRAMMA（Topology Recognition and Aggregation of Mesh Models of Architecture），2014 年开发的三维生成设计程序，采用"基于案例推理"技术，通过精确算法生成建筑形体。具有高度识别能力，能肢解三维建筑模型至各构件如墙体、楼地面和楼梯，同时维持多层建筑间拓扑关联。基于使用者的拓扑定义，TRAMMA 能重新组合建筑构件，满足特定设计需求与目标[68]，如图 2-39 所示。

（a）生成结果 1

（b）生成结果 2

图 2-39　TRAMMA 线性拓扑方案生成[68]

2.4.3 建筑性能预测工具

建筑性能预测领域中涵盖了多个不同类别的工具，这些工具按照它们的工作原理和用途可大致划分为建筑性能模拟软件、统计分析工具以及深度学习工具。这三大类工具各自具有独特的优点和应用场景，提供了全面的、多角度的建筑性能分析和预测，进一步支持了更为科学和可靠的建筑设计决策。

1）建筑性能模拟软件

建筑性能模拟软件通过数学模型模拟建筑物的物理特性和环境条件，提供精确的建筑性能预测。这类软件包括建筑能耗、风环境、采光分析和微气候分析软件等。

在建筑能源模拟领域，EnergyPlus 和 OpenStudio 是主流的工具。EnergyPlus 精确模拟建筑能源需求，揭示节能潜力，还能模拟可再生能源系统，如太阳能电池板和太阳能热水器。Honeybee 插件实现与 EnergyPlus 的对接，使得在 Rhinoceros 和 Grasshopper 环境中运行 OpenStudio 模型成为可能，图 2-40 展示了 Honeybee 能耗模拟结果。而 Ironbug 和 Dragonfly 等插件在 HVAC 系统建模和城市尺度能源模型创建与分析中提供支持，构成多维度全方位的建筑性能模拟和分析平台。

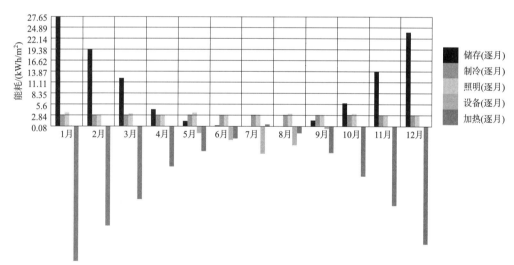

图 2-40 Honeybee 能耗模拟分析结果

建筑风环境模拟领域常用的 CFD 模拟软件平台包括 OpenFOAM 和 ANSYS Fluent。OpenFOAM 以强大的自定义和定制能力著称。ANSYS Fluent 是多功能的商业化流体动力学模拟软件，用户友好，具备强大的多物理场建模功能。为了实现更高级别的模拟精度和便利性，一些插件和工具，如 Butterfly，也被整合到了 Rhinoceros 和 Grasshopper 环境中，实现了与 OpenFOAM 的无缝对接。这意味着设计师可以直接在这一集成环境中进行风环境模拟和优化。

Radiance 是广泛使用的高性能光照度和日照模拟软件，深入模拟建筑内部自然光分布和日照情况，精确模拟自然光和人造光互动。Daysim 作为 Radiance 的插件，加强日照模拟功能，深入分析不同时间和季节下建筑内日照状况。Ladybug Tools 和 DIVA 等插件实现 Radiance 至 Rhinoceros 平台集成，辅助实现 Rhino 中的实时日照模拟，与其他设计工具无缝协作。

2）机器学习工具

机器学习工具在建筑性能预测领域发挥着日益重要的作用，提供了多维度、高精度预测的强力支持。支持向量机（SVM）、随机森林和人工神经网络等技术能有效预测非线性建筑性能，支持建筑优化设计，实现节能减碳和高品质人居环境目标。

人工神经网络以其独特优势和灵活性，在建筑性能预测的多样性和复杂性探索中表现突出。虽然支持向量机和随机森林在处理非线性问题和大数据方面有优势，但人工神经网络能更深入捕获复杂、高度非线性关系和层次化、复杂数据的抽象表示。其端到端的学习模式减少了对数据预处理和特征工程的依赖，提高了模型开发效率。模型的复杂性和调整灵活性允许定制网络结构和参数，所以适应性和准确性高于其他机器学习工具。

常用于数据到数据映射关系的神经网络模型包括多层感知机（MLP）、深度前馈网络等，通过多隐藏层学习复杂关系并预测。序列模型如长短时记忆网络（LSTM）和门控循环单元（GRU）除构建准确数值映射外，还能捕捉时间依赖关系，实现时序性预测。

常用于图像到图像映射的模型包括生成对抗网络（GANs）、卷积神经网络（CNNs）和变分自编码器（VAEs）。GANs 以独特生成器和判别器结构在多样化图像生成中表现卓越，特别是在无监督学习中。CNNs 以局部感知能力成为图像分类、物体检测和分割的基础模型，通过卷积层深入理解图像内容。VAEs 结合生成与推断模型，进行图像生成和重构，适合理解数据潜在结构的任务。

而 TensorFlow 和 PyTorch 等开源框架为深度学习模型的实施提供便利和支持，加速模型开发周期，推动建筑性能预测领域技术创新和发展。这些框架使研究人员和工程师能更便捷、高效地进行模型设计、训练和优化。

2.4.4　方案智能决策工具

按照功能，方案智能决策工具可分为优化搜索类工具与决策分析类工具。优化搜索类工具主要侧重于运用各类算法来寻找解空间中的最优解，适合求解具有众多变量和约束条件的复杂问题；而决策分析类工具则更加专注于对各种可能方案进行的深入分析和评估，去定量和定性地评价不同方案的优劣和适用性。决策分析工具通常用于在一系列备选方案中，基于各种考量因素，来确定最佳的决策路径。这些工具为设计师提供了深入了解各种方案性能的重要平台，辅助实现更加全面和精确的决策制定。

1）优化搜索

建筑多目标优化设计需结合优化算法展开，所采用的算法主要包括直接搜索法和启发式算法。

直接搜索算法不需要依赖目标函数、梯度信息便可展开优化问题求解，其通过搜索当前点周围点来寻找目标函数值，低于当前函数值的点适于解决目标函数不可微或不连续问题。随着直接搜索法相关研究的深入开展，其理论依据和收敛性分析日益完善，为其实践应用奠定了理论基础。应用较为广泛的直接搜索法，主要包括模式搜索法、线性规划法等。

启发式算法是基于经验建立的算法，在具有可行性的计算时间和空间内搜索出在解决优化问题的可行解，且可行解与最优解的偏离程度存在不确定性，既有的启发式算法，多借鉴模仿自然系统运行原理，如和声搜索算法、粒子群优化算法蚁群优化算法、计划算法等，其中以进化算法应用最为广泛。

进化算法经过数十年的发展，衍生出遗传算法、进化规划、计划策略和遗传规划等算法。尽管这些算法在遗传基因表达方式交叉和变异算子类型与运算方式特殊算子引用等方面有一定的差异，但其都是对自然生物种群进化机理的借鉴和模仿，相比其他优化算法，进化算法具有更高的鲁棒性和更广的适用性，是具有自组织自适应自学习特征的全局优化方法。建筑领域的很多优化设计都呈现高度的非线性、不连续性特征，适合采用进化算法展开求解。

随着计算机科学的发展和用户使用体验度优化需求的提高，多目标优化工具逐步由数学模型和程序代码发展为具有友好用户界面的软件工具，其可显著提高多目标优化设计效率和精度，改善用户体验。经过多年的发展，多目标优化工具体系日益完善，其中以 Octopus、Matlab 遗传优化工具箱应用最为广泛。

（1）Octopus 多目标优化工具基于 Rhinoceros 和 Grasshopper 平台，能够实现

建筑一体化的优化设计，自动化地探索多目标权衡下的设计参数方案，全面满足设计需求。此工具所支持优化算法包括 SPEA- Ⅱ 与 HypE。

（2）Matlab 优化工具箱是专为优化设计而研发的 Matlab 工具箱，支持多种启发式优化算法，便于调用 Matlab 相关函数，在数据展示和分析方面极具优势。此工具箱涵盖了主要数学模型的相关函数，且支持通过参数化编程进行函数运算的自定义，能处理线性规划、二次规划、非线性规划、最小二乘问题及多目标优化等问题，具备高度灵活性和适应性。

2）决策分析

决策分析工具大体可划分为基于排序的和基于聚类的决策分析工具。基于排序的决策分析工具，如 TOPSIS、AHP 和 PROMETHEE，经常用于建筑方案的优选过程中，这些工具根据一组预定的评价准则对各方案进行量化评价和排序，帮助决策者从中选择最优方案。相较之下，基于聚类的决策分析工具，如 K- 均值算法、层次聚类算法和基于神经网络模型的自组织映射（SOM）等，则着重于通过分析方案的相似性与差异性揭示方案之间的内在联系。这些工具的引入，使得决策者能在建筑方案决策中，更为直观、全面地探讨不同设计方案在建筑性能、建筑形态等各个方面的相互关系与区别。在这一过程中，基于聚类的工具尤其表现出其在识别模式、分类数据和发掘深层次知识方面的巨大优势，为决策者进行全面、灵活多样且深入的方案评估和比较提供了有效途径。

在方案优化与决策分析技术日益发展的推动下，有融合这些先进技术的工具平台被开发。2016 年，高维多目标优化决策支持工具平台利用 SOM 神经网络聚类和可视化技术，对建筑方案的性能与形态进行聚类，进行建筑优化目标导向筛选和建筑设计参量导向筛选。在建筑优化目标导向筛选阶段，设计了神经元层次聚类筛选和神经元筛选两种筛选模式；在建筑设计参量导向筛选阶段，设计了引入平均建筑设计参量效果图的筛选模式，实现多性能目标权衡的同时探索多种设计可能[74]。其工具界面如图 2-41 所示。

方案智能决策工具为设计师提供了权衡如性能、美学等多项需求的设计方案，同时这类工具的应用大大提升了设计的便利性、全面性和效率，推动了设计领域智能化的发展。这不仅让设计师能够更为轻松和高效地实现设计理念的创新与完善，同时也为建筑和设计领域的持续进步和繁荣注入了新的活力和更多可能。

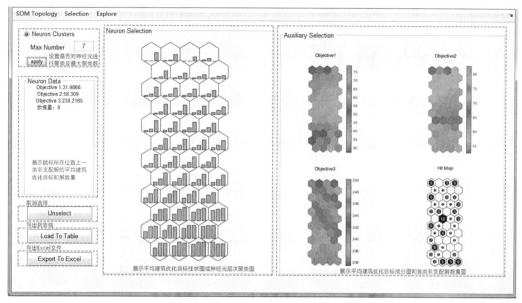

图 2-41 高维多目标优化决策支持工具[74]

习题：

1. 开放式 BIM 与封闭式 BIM 各有什么优势与缺陷？

2. 请举一个常用的建筑风环境仿真软件的例子并简要介绍。

思考题：

针对不同优化问题，如何对优化算法进行选择？

2.5 本章小结

本章从智慧设计理论出发，简述了智慧设计发展历程，对推动智慧设计发展的如人居环境系统理论、复杂性科学理论等重要理论及其对智慧设计的意义进行阐释；在此基础上，引入"自上而下""自下而上"及"性能驱动"设计思维及设计方法，探索建筑智慧设计路径；并对在环境信息集成建模、设计方案智慧生成、建筑性能映射建构与建筑方案智能决策领域对建筑智慧设计起到支持作用的智慧设计技术进行阐释；最后对工具平台进行介绍。通过对理论、方法、技术与工具各个层面的综合解析，本章对建筑智慧设计理念及实现路径进行全面的阐述。

第3章
建筑智慧建造

建筑智慧建造是建筑行业在数字时代的回应，它注重利用信息化技术来提高建筑在建造过程中的效率、质量和可持续性。它与建筑智慧设计和建筑智慧运维相互关联，一起构成了建筑全生命周期智慧化的重要组成部分。在第四次工业化革命的浪潮下，通过融合多学科知识体系与跨学科的技术创新，建筑智慧建造正在推动整个建筑产业向着数字化与智能化的方向迈进，将从规划、生产、加工、装配到验收的全建造流程智慧化运营与管理，开发全新的经济模式和服务模式，以创建更美好、更安全、更具品质的性能化人居环境。

3.1　建筑智慧建造的相关理论

本节以智慧建造的相关概念及发展过程展开介绍，对比传统建筑与智慧建筑的区别，解析了建筑智慧建造的特点；建筑智慧建造在工程建造的基础上，结合了计算机科学、人机交互科学、管理科学和材料科学等学科，对精益建造理论批量定制理论和数字建构理论进行梳理，阐释相关理论与建筑智慧建造之间的联系和对工程实践的重要意义。

3.1.1　基本概念

随着物联网、云计算和大数据时代的到来，更加广域且深度互联互通和更加实时的海量数据获取得以实现，使得系统中的计算单元和物理对象可以通过网络高度耦合。

在此环境下，建筑工程项目建造过程信息互联互通和实时感知成为可能，各参与方可以有效协同推进工作，促进建造过程的综合协调与控制，建筑的建造过程可以以一种更加智慧化的方式运行。智慧建造及其相关技术整体框架如图 3-1 所示。

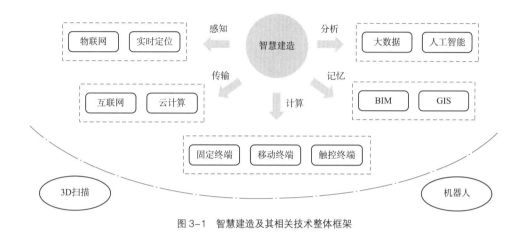

图 3-1　智慧建造及其相关技术整体框架

建筑智慧建造相关概念主要包括以下三点。

1）建筑建造

传统的建造是指通过各参与方，如施工方、设计方、资源供应方和监理方等之间的协同运作，实现从原材料到最终建筑物实体的一次性生产过程。

2）建筑智慧建造

智慧建造作为一种新兴的工程建造模式，是建立在高度的信息化、工业化和社会化基础上的一种信息融合、全面物联、协同运作和激励创新的工程建造模式。

智慧建造就是在建筑工程项目整个建造过程中运用新一代信息与通信技术手段，将物联网和互联网合二为一，实现建筑工程项目所涉及的人员、机械、物资和环境的实时连通、相互识别和有效交流，通过基于云的数据处理平台，建立各类标准化的应用服务及其共享，使各参与方之间能够协同运作，进而实现安全、优质、高效的工程建造，从而构建一个高度灵活的智慧建造模式。

3）智慧建造的"智慧化"体现

智慧建造的"智慧化"体现在项目参与方对物联网和互联网的使用，能够实现建筑工程项目建造过程中所涉及的人、机械、资源和环境等之间的互联互通，人们可以更加便捷地获取相关信息。并且云计算和大数据的应用，能够实现建筑工程项目建造过程中的海量数据存储与知识挖掘，继而能够根据项目的参与各方的需要为其提供个性化、智慧化的服务，以支持项目管理人员更加合理高效地进行项目的计划、组织、协调与控制。

智慧建造的"智慧化"具体体现在如图 3-2 所示的四个层面。

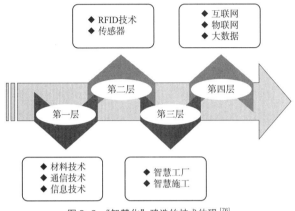

图 3-2 "智慧化"建造的技术体现 [76]

（1）**智慧化的建造环境**：建筑智慧建造的实现需要智慧化工程建造环境的支撑，如在建造过程中采用物联网技术来实时感知、采集建造过程中的环境、质量、安全、资源和进度等信息，使建造过程中的信息之间实现互联互通，将资源、信息、机器和环境以及人紧密联系在一起，建立基于云计算的 BIM 数据处理平台，形成一个智慧化的工程建造环境。

（2）**智慧化的服务集成模式**：在智慧化的工程建造环境基础上，建立针对不同参与方、不同施工阶段和不同目的的标准化服务，标准化服务将智慧化的工程建造环境中的基础数据实现统一的集成，在此基础之上进一步实现不同参与方之间的横向服务集成、参与方内部的纵向服务集成和面向工程价值链的服务集成。

（3）**智慧化的协同运作机制**：通过建立一系列标准化的建造服务，实现各个参与方之间的协同运作。

（4）**智慧化的信息传递方式**：通过工程建造信息互联互通和参与方之间的协同运作，使各参与方更"智慧"，从而实现安全风险预控、质量智能监管、智能资源供应和进度智能协同等。

3.1.2　建筑智慧建造发展历程

建筑建造的发展历程表明了人类对于建筑技术和设计的不断探索和创新。从古代文明到现代社会，建筑一直是人类文化和技术进步的重要标志之一，也是为人们提供居住、工作和娱乐空间的重要手段。

　　建筑建造可以追溯到古代文明，经历了多个时期和阶段，逐渐演变成今天的形式。早期文明，如古埃及、美索不达米亚和古代中国，发展了独特的建筑技术，建造了宏伟的金字塔、宫殿和陵墓。这些文明使用了原始的石头、砖块和木材等材料。古希腊和古罗马文明在建筑设计和工程方面取得了重大进展。他们开发了拱门、穹顶、柱廊和圆形建筑，如竞技场和浴场。到中世纪时期，哥特式建筑风格兴起，以尖拱、飞扶壁、玫瑰窗等为特征的建筑风格，诞生了以巴黎圣母院和科隆大教堂为代表的杰作。文艺复兴时期注重对古代文化的复兴，建筑师如伦巴第的勒内萨恩斯、米开朗琪罗和布拉曼特等人推动了建筑艺术的复兴。巴洛克建筑风格强调宏伟和装饰。到第一次工业革命时期，生产力的巨大发展带来了建筑业的革命性变化，铁路和工厂的兴建促进了钢铁和混凝土等新材料的发展，建筑设计中出现了更多的机械化和工程化元素。20 世纪初，现代主义建筑运动强调简约、功能主义和形式追随功能。建筑师如勒·柯布西耶、密斯·凡·德·罗和弗兰克·劳埃德·赖特等人对现代建筑产生了深远影响。后现代主义建筑追求多样性、复杂性和表现性，注重个性化和文化多样性。当代建筑涵盖了多种风格和流派，允许建筑师更自由地表达创意。随着环保意识的增强，可持续建筑原则成为主流。建筑业开始采用绿色技术和材料，以减少对环境的影响并提高能源效率。当前，数字技术、建筑信息模型（BIM）、虚拟现实（VR）和增强现实（AR）等技术已经应用于建筑设计和建造，提高了效率、可视化和协作能力。

　　建筑迈向智慧建造的发展过程可以分为如下三个阶段。

　　1）传统的建筑工程建造

　　传统建造模式主要是以现场作业为主，广泛采用转换式生产系统，将整个工程建造过程分解成若干个子过程，并进一步细分到某个具体的施工活动，然后通过控制各个子过程或活动的进度和成本来提高生产过程的效率，实现工程建造过程的管理控制。

　　传统的建造过程展现了如下特点。

　　（1）过程性：即建造是建筑物从无到有的全过程，包含规划、设计、施工等各个阶段，建造的最终结果是建筑物实体的一个可交付性成果；

　　（2）复杂性：即建筑业工程建造过程会受到各方面的影响，主要包含环境方面、物质方面、技术方面、经济方面、社会方面、文化方面、人的方面等，是一个复杂、开放的系统；

　　（3）协同性：即建筑业工程建造过程中会涉及众多的参与方，如政府监督部门、承包商、供应商和监理方等，各参与方之间需要协同配合才能优质、安全、高效地完成整个工程建造过程；

（4）不可逆性：即建筑建造过程需要人员、材料和设备等各种资源的投入，而这些资源一旦投入，不可能再收回。

传统建造模式需要围绕以下要素开展工作。

（1）控制与优化方式：传统建造模式主要是通过对建造过程中子过程或活动的工期、成本等目标的严格控制，以及通过优化具体的某个施工活动或者子过程达到建造过程管理的目的；

（2）推动式工作计划：传统建造模式对于进度的管理采用推动式工作计划的方式，强调严格的开工时间，以此来保证整个工程建造的进度；

（3）采用生产转换理论：传统建造模式将建造过程分解为一系列子过程或者活动，而分解得到的这些子过程或活动可以看作是从"一系列输入"到"一系列输出"的一个转换过程。

依据上述内容，传统建造模式的工作进行方式导致了设计环节与施工环节的脱节，容易形成信息孤岛，工程建造各参与方之间缺乏有效的协同运作，造成很大的资源浪费，不利于工程建造全生命周期目标的实现。如施工单位很少参与到工程项目的设计，而是以施工合同、设计图纸和技术规范为依据进行施工作业；设计单位在设计过程中也很少考虑可施工因素和资源的可供应性要素。另外，传统建造模式容易受到施工环境、工程进度安排等因素的影响，各施工环节之间容易发生冲突，存在很大的被动性和不确定性，缺乏应对不确定性的能力。

2）智慧建造的提出

随着物联网、云计算、大数据时代的到来，更加广域且深度的互联互通和更加实时的海量数据获取能够得以实现，催生了革命性的生产范式与技术。传统的建筑工程建造模式的革新成为当下复杂时代背景下的迫切需要。本节将说明智慧建造如何应运而生并逐步发展。

智慧建造作为一种新兴的工程建造模式，它是建立在高度的信息化、工业化和社会化基础上的一种信息融合、全面物联、协同运作和激励创新的工程建造模式。

关于"智慧建造"一词，可追溯到IBM对"智慧地球"和"智慧城市"的提出。智慧理念在全球范围内传播，催生了各个国家对智慧城市发展模式的探索，"智慧建造"一词也就应运而生，成为城市建设的探索重点。

智慧建造最早是由鲁班软件创始人杨宝明博士提出，并作为一个核心的发展战略和发展方向被政府、工程行业大力支持和积极推进，随后将其列入我国2015年发布的《中国制造 2025》这一战略行动纲领中。

　　2016 年我国住房和城乡建设部发布的《2016—2020 年建筑业信息化发展纲要》中提出了"建筑业数字化、网络化、智能化取得突破性进展"的发展目标。2017 年国务院办公厅发布的《关于促进建筑业持续健康发展的意见》中也明确了推进建筑产业现代化的发展方向，提出了建筑产业信息化管理和智能化应用的发展意见。

　　在利好的政策环境和势不可挡的智能化发展趋势的市场环境下，国内工程行业开始了"智慧工地""智慧建造""智能建造""数字建造""智慧建筑"等一系列工程技术尝试和实践。

3）智慧建造的发展

　　建筑工程智慧建造的发展先后经历了数字化建造与信息化建造两个变革性的阶段，通过数字化和信息化手段实现整个建造过程的智慧化，促进建筑产业模式发生根本性的变革，如图 3-3 所示。

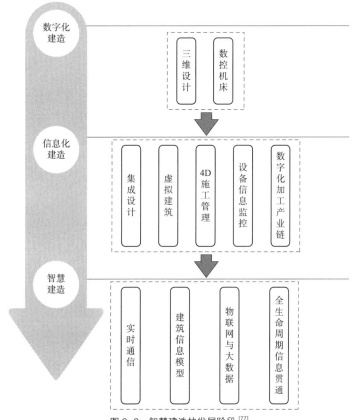

图 3-3　智慧建造的发展阶段 [77]

　　关于数字化建造的研究，主要有三个种类：①将设计好的构件使用数控设备制造，将生产的模型进行拼装，形成完整的建筑物；②采用数控设备进行异形混凝土模板的加工，使用异形模板浇筑构件并安装；③结合数控设备和材料的特点，进行数字化设计，使用数控设备读取数据进行生产，并进行精准定位和安装。数字化建造方式的形成建立在工业技术发展较成熟的基础上，推动着我国建筑行业发生了巨大变革，但是工程建造过程中仍旧存在着很多问题。例如，受限于信息技术和通信技术的发展，无法将信息模型应用在项目建设全生命周期中，造成了信息资源的浪费；同时，工程建设中的视频、数据监测信息与模型难以融入，无法实现信息资源的有效利用，数字化建造的优势未能充分发挥。

　　在数字化建造工具和信息技术不断发展的基础上，BIM 技术的应用很好地解决了数字化建造阶段存在的问题。作为从数控模型到建筑全生命周期的信息载体，BIM 技术与数字化建造工具从局部到整体，从微观到宏观，实现对建造过程的全面升级，建造模式也逐渐向信息化建造转变。

　　信息化建造更加注重建造过程的信息流通模式，意在打通从设计到建造再到运维的建筑全生命周期的信息壁垒，提升全流程的管理效率和协同质量。多专业集成设计、施工仿真模拟、虚拟建造等的应用对建筑全生命周期的管理方式的变革，实现了项目各参与方的信息共享，统一了各方的信息来源，减少了工程变更、提高了施工质量、加强了进度管控、提高了决策质量，从而达到进度、质量、成本、安全、知识等高效管理的目标。尽管如此，信息技术与工程技术的融合仍有很多空白，信息化建造仍具备很大的发展空间。

　　信息化建造阶段为智慧建造的发展积累了经验，随着 BIM、物联网、大数据、云计算等技术的快速发展，信息化建造在这些技术的支撑下得以继续发展，在信息化建造的基础上，通过 RFID（Radio Frequency Identification，射频识别）、NFC（Near Field Communication，近场通信）、传感器等方式将实体与信息库连接起来，实现数据的实时收集、传输，提高了数据获取的效率；大数据挖掘对收集的数据进行挖掘和梳理，形成信息，提高数据的利用率，充分发挥大数据的优势；通过云计算对信息进行规律总结，归纳为知识，决策者通过知识辅助决策、而非仅凭个人经验进行判断，提高决策的效率；最后通过物联网进行反馈和控制，解决了信息孤岛等问题，各参与方能够高效协同工作，实现建造过程的智慧化。

　　智慧建造以信息技术和通信技术为技术支撑，与智慧城市的建设思想高度统一，在建设由可持续、低碳且智慧化建筑构成的城市中，还需要建筑学、材料学、土木工程、电力系统和信息系统等共同引领绿色建筑革命，以实现建筑全生命周期的工业化、信息化和智慧化。

3.1.3　建筑智慧建造的内涵

在信息技术飞速发展的当今社会，传统建筑行业需要紧跟信息时代的步伐，在建造阶段所展现出的不仅仅是建筑构件的生产从工业化到智慧化，还有在建造全流程运用一些成熟的信息化产品来为工程建设提供便利，更重要的是能够将信息技术集成于工程建设中，构建一种系统的智慧化建造模式，并能够推广应用于绝大多数的建设工程。建筑智慧建造内涵可以从以下两方面解读。

1）智慧建造的作用

（1）智慧建造可以实现建筑工程项目建造过程更加精细化管理。智慧建造的模式将建造过程中需要管理的对象进行逐一分解、细化并量化为更加具体的指标或程序等，使得每一项工作内容都能够实现内容透明化、责任清晰化和管理标准化，改善了工程建造中传统的粗放型管理模式，使得建造过程更加安全、优质、高效和节约，如图 3-4 所示。

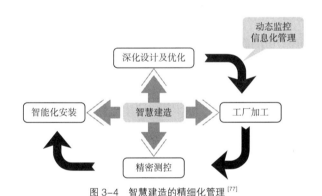

图 3-4　智慧建造的精细化管理[77]

（2）智慧建造可以实现各参与方之间的协同运作。物联网、云计算和大数据技术的应用，能够为建筑工程项目管理建立一个统一的信息化平台，实现各参与方之间的信息无障碍交流与共享，进而可以实现各参与方之间的协同工作，如图 3-5 所示，各参与方之间的信息交流方式将从原来的点对点的传输转变为智慧建造模式下的基于平台的信息获取。

2）智慧建造的特点

（1）更透彻的信息感知：智慧建造中"智慧"的根源在于信息，没有信息的支撑，智慧建造的"智慧"就变成了一场空谈。任何一个建筑工程项目都包含大量的

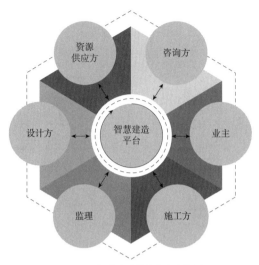

图 3-5 智慧建造的多参与方协同

信息，为了更加准确地获取建筑工程项目运行情况、以使得建筑工程项目管理人员能够根据项目运行情况做出合理的计划、组织、协调与控制，智慧建造必须拥有能够透彻感知建筑工程项目管理所需要的各类信息的能力。智慧建造中的信息感知网络应该涵盖人员、机械、物资和环境等相关信息，物联网技术为信息的全面感知提供了强有力的支持。

（2）更广泛的互联互通与协同：智慧建造中所感知到的全面、完整的信息，只有实现互联互通，才能发挥其最大价值。物联网、互联网等多种网络融合，为建筑工程项目建造过程中人与人、人与物和物与物之间的互联互通提供了基本条件，形成了智慧建造"神经网络"，实现了信息的无障碍共享，进而消除了信息孤岛。由于信息共享，建筑工程项目中各参与方可以实现协同工作。

（3）更深入的智能化：在使用物联网深入感知建造过程中获取的各种相关信息与数据的基础上，建筑工程项目参与方通过运用数据挖掘技术来处理这些海量的信息与数据，能够更清楚地掌握项目运行状况，以便更加精准地对项目进行计划、组织、协调与控制。

3.1.4 精益建造理论

精益建造（Lean Construction）是一种基于精益生产原则的建筑项目管理方法，旨在提高建筑项目的效率、质量和可持续性，减少浪费和成本，并更好地满足客户需求。精益建造被具体定义为：精益建造涉及建筑产品全寿命周期和自然环境的持续改进，是一种可以通过需求管理，减少时间、人力、物力等资源的浪费，而又同时最大限度地实现投入资源价值最大化的生产管理系统。Koskela 在 1993 年提出"精益建造"概念，认为建筑业与制造业具备相似的特点，精益建造能够适应建筑市场的特殊与复杂的环境，可以降低建筑成本，提高建筑企业生产率。

精益建造理论源自丰田汽车公司改革创建的"精益生产模式"，精益生产的内核在于优化管理模式，帮助企业在生产过程中实现"7 个 0"的生产目标：零工时浪费、零库存、零浪费、零不良品、零故障、零停滞和零事故。这种生产模式在 1991 年出版的著作《改变世界的机器》（*The Machine That Changed the World*）中被正式命名，源自丰田汽车公司的精益生产模式在后续的发展中形成具有管理和生产哲学的精益思想。并在 1996 年 James P.Womack、Daniel T.Jones 出版的《精益思想：消灭浪费，创造财富》（*Lean Thinking: Banish Waste And Create Wealth In Your Corporation*）中对这种新的管理思维进行高度的概括，指出定义客户价值、识别价值流、价值流动、拉动生产以及尽善尽美是精益思想的核心内容。在此之后，精益生产由经验正式变为理论，成为"精益制造"的先进理念，该理念的核心思想为创造价值，消除浪费，实现人、过程、技术的综合集成。

精益建造的理论核心是由生产转换理论、生产流程理论和价值理论整合而成的 TFV（Transformation-Flow-Value）生产理论，指出了建造生产过程和一般生产过程之间的共性，精益生产原则可以迁移并应用到建筑业。

基于 TFV 生产理论，从转换、流动和价值生产三个角度理解建筑生产过程，通过实施任务管理、过程管理和价值管理，在交付项目的同时，最小化浪费、最大化价值。

（1）任务管理是从转换的角度，考虑为实现项目交付必须做什么，着重于管理为完成项目所需要的生产系统的设计。管理的内容包括对与建筑生产相关的单个合同和定制合同，以及支付、奖金、索赔和罚款等管理。此外，还要处理目标日期、延迟和考勤等事项。其成功标准是及时移交、低成本和零库存。任务管理是个非常正式的管理，其中附有大量的规则，是一种硬性管理。

（2）过程管理是从流动的角度，要考虑什么不必要做，并做得越少越好，着重于管理建筑产品的生产过程。主要目标是确保高效率的、可以预测的产品流以及消除浪费。隐含的目标是确定参与建设项目各方，特别是现场工人之间的富有成效的合作。成功的标准是避免产生错误和消除错误产生的源泉。过程管理注重合作、尊重、谅解，其实质是一种软性管理。它的目的不是最好，而是使所有参与方在一个平等的基础上参与管理。

（3）价值管理是从价值创造的角度，考虑以最好的方式满足顾客需求，确保交付的价值满足顾客需要。价值管理通常与市场和服务紧密联系，主要关心与价值相关的过程，强调理解顾客表达的和默许的价值参数，并尽量确保项目完成这些参数。价值管理是以一种柔性的、基于服务的方式完成顾客价值和以一种更硬性的方式完成产品系统（硬性方式的实质是集中于完成合同项目，而不是产生过程价值）。顾客满意是其最重要的成功标准。价值管理尚没有专门的工具，暂时应用较多的是价值工程（VE）、质量功能展开（QFD）等。

精益思想的核心理念结合了TFV生产理论，通过减少浪费、提高价值交付和追求持续改进，来提高效率、降低成本、提高质量和客户满意度。这一思想最初在制造业中发展起来，如今，被扩展应用到包括建筑业、服务业和管理领域的各种行业。

3.1.5 批量定制理论

批量定制理论（Mass Customization Theory）旨在将大规模生产和个性化定制相结合，以满足不同客户的特定需求的一种生产和服务管理理论，其核心是在大规模生产的基础上为每个客户提供个性化的产品或服务，以满足不同客户的需求，同时降低成本、提高效率和减少库存。批量定制的目标是在大规模生产和完全定制之间找到一个平衡点，以实现更高的客户满意度和竞争优势。

1970年，阿尔文·托夫勒在《未来的冲击》一书中首先提出了批量定制的基本设想，即新体系将突破批量生产的范围，朝灵活的、由顾客定制的方向生产，并且由于新的信息技术的支持，在新系统下能在与批量生产成本接近的情况下完成批量定制；1987年，斯坦·戴维斯在《未来理想》一书中首次明确了批量定制这一概念，并指出在21世纪，掌握计算机技术、通信技术、工业机器人、柔性工厂、高效物流等新技术是制造企业生存发展的关键；1989年，菲利普·科特勒博士在论文中指出，大批量制造市场已经不复存在，细分市场已经进入大批量定制时代。

智慧建造绝非仅实现效率、精度和自动化水平等的提升。面向工业化的装配式建筑的建造模式不足以应对当今市场化、地域化以及个性化的需求，需要在保证标准化水平的前提下，不断提高建筑面对风格差异、地域多样性以及审美个性化等多层面需求。以建筑机器人（图3-6）为代表的智能建造平台为预制装配式建筑的批量定制的概念带来了新的可能性。

预制装配化建筑的发展思路可以不再局限于建筑构件简单实现几何尺寸的标准化与复用率，而是转向通过建筑信息模型将建筑设计过程参数化和数字建构化。通过多

（a）砌体结构建造现场　　　　　　　　　　　　（b）幕墙构件建造现场

图 3-6　机器人建造现场[78]

层级的信息化模型定义建筑部品的族群概念，针对每个建筑模型族群的建造方法和建造流程进行标准化设计，再通过研发软硬件设计与建造一体化流程，将族群化的建筑构件部品化后，分布式拆解成标准化生产工艺流程。这个流程的核心是重新建立了从几何参数化，性能参数化到建造参数化的正向联通。正向的 BIM 设计流程不仅实现了设计过程的信息模型化思维与工作方法，也通过引进建筑机器人实现了从设计到建造的正向数字化工作流。

批量定制使预制装配式建筑不再需要在标准化和个性化之间进行博弈与取舍，而是为其带来了设计和建造思维与方法上的彻底变革。

3.1.6　数字建构理论

对于数字建构中的"建构"一词，可溯源至古希腊时期，为希腊语"tectonic"的翻译，意为用木材作为建筑材料的建造工艺。随着时代的发展与生产方式的进步，更多的建筑材料得以被开发和应用，"建构"一词也在学者的探索中不仅将相关的材料生成方式、加工方式与建筑建造方法融入其中，同时还应包括实地建造中所体现的设计逻辑性和建造主体的审美表达，使其超脱了"构造"与"建造"的双重含义，将建造技术与设计理念更紧密地结合到一起。

当今信息时代生产力的蓬勃发展和生产关系的全新变化给予建构全新的生命，如图 3-7 所示，数字化技术的成熟催生了"数字建构"这一概念。"数字建构"包含"数字"和"建构"两个层次的概念：前者使用数字技术在电脑中生成建筑形体，其核心在于"生成"；后者借助于数控设备进行建筑构件的生产及建筑的建造，其核心在于

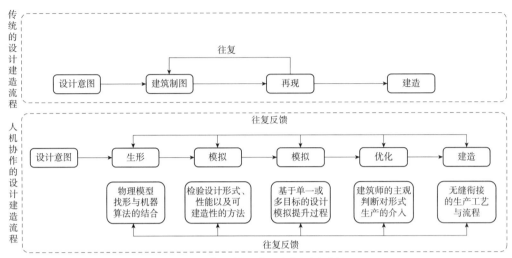

图 3-7 信息时代下的设计建造流程革新

"建造"。这种数字化的建构思维则更加强调建筑的可建造性。"数字建构"的特征首先是建筑形体要表现结构的力学逻辑和材料的构造逻辑；其次，形体的生成逻辑也是结构和构造的基础逻辑；最后，利用计算机技术和数控设备来进行建筑的设计与建造。

数字建构帮助建筑师在追求与探索建筑形态与空间赋予更多的可行性，借助数控设备实现在不利环境条件下的复杂形态的建造。数字化的建造设备，可通过计算机软件操控加工设备，可将同样通过软件进行的设计与加工连成一体，在不同条件下可处理不同问题，满足不同的需要，从而生产非标准的个性产品。这样，就使得复杂的不规则建筑形体的制造成为可能。数字建构需要建筑师更多地参与到对材料和结构的探索，以及需要学习掌握建造、细部、编程、组装、调整、适应性和分布的新技术方法。

习题：

1. 智慧建造作为一种新兴的工程建造模式，它是建立在高度的（　　　）、（　　　）和社会化基础上的一种（　　　）、（　　　）、（　　　）、（　　　）的工程建造模式。

2. 智慧建造相比传统建造的特点与优势有哪些？

3. 智慧建造的"智慧化"如何体现？

思考题：

综合对比本节提出的建造理论，试讨论智慧建造在理论探索阶段展现了哪些共性与个性的特征？

3.2　建筑智慧建造方法

伴随着数字化加工技术在汽车、航空航天等加工领域的应用逐渐成熟，建筑工程领域的从业人员也在探索建筑智慧建造理论及相应的智慧建造方法体系。本节从智慧建造过程的角度，通过准备阶段、执行阶段和交付阶段等三个建造阶段阐述智慧施工（可视化施工模拟、可视化施工管理等）和智慧制造（制造资源管理、计划管理、制造过程管理、质量管理等）过程的实现方式；从建造方法的角度，对智慧建造体系进行剖析，论述平台层、感应层、外联层和基础设施层等功能层的系统设计，以及这些功能层在具体建造环节中开展应用的方法说明，体现工厂化加工、精密测控、自动化安装、动态监测、信息化管理的整体逻辑。

3.2.1　准备阶段：设计建造一体化

"设计建造一体化"是指在建筑工程项目中将设计阶段和施工阶段集成到一个单一的过程中的方法。传统的项目管理方法通常涉及将设计和施工分为两个独立的阶段，分别由不同的实体（设计单位和承包商）负责。设计建造一体化的方法将这两个阶段合并为一个协作的过程，通过一套统一的工作流程实现从设计到建造的一体化。

建筑设计与建造全流程的一体化是当下建筑信息模型和建筑工业化的一个显著趋势，而相应数控设备发展和应用则是实现这个趋势的关键。这种一体化包括两个方面：建筑全流程的一体化与建筑设计师职能的高度集成化。

建筑数字技术的发展极大地推动了数字生成方法的拓展与数字建造技术的深入，让建筑在设计建造之间形成一条由信息承载的连续数字链条，让它们所组成的数字建构理论建立成为可能。在数字建构理论不断深入发展的背景下，经典的传统建筑追求——维特鲁威提出的建筑三原则：实用、坚固、美观有了新的现代意义延伸。

在近十年数字建构思想积极发展的背景下，数字建造技术的飞跃逐渐能够弥补设计和建造之间的裂缝，也有越来越多的建筑师与研究学者试图将形式、性能与建造运用数字化的对接方法进行整合，形成了"形式追随性能"的一体化建构思想。

从传统模式的建构流程，是一个从建筑师"设计意图"到"建筑制图"再到"建筑模型再现"最后到由施工方负责"建造"的过程。在此过程中，建筑师的能力成为制约建筑表现的核心。建筑制图也成了设计意图到建造之间最核心的步骤——想要实现出来，必须先要画出来。因此，传统的设计建造流程趋向线性且分离，这种信息单向叠加的模式对设计意图的传达和设计方式造成了局限。

计算性设计驱动下的设计建造流程，不同于传统模式，借助数字化设计方法达成的人机协作，重新建立起从"设计意图"到"建造"之间的全新连接，形成了由设计者可以在设计到施工过程的任何阶段进行二次构思和优化，形成从生形（Formation）、迭代（Iteration）、模拟（Simulation）、优化（Optimization）到加工与建造（Fabrication and Construction）的动态一体化建构流程。最终得到的成果并不是预先给定的，而是从设计目标出发，依照逻辑逐步推演而来，如图 3-8 所示。

图 3-8　设计建造一体化流程框架[81]

从数据逻辑建立来说，性能驱动下的建构进行着从"设计目标追求"到"几何迭代表现"再到"加工建造指令"的数据传递，以具有设计目标性的"设计意图"自上而下为指导和具有加工限制性的"建造"自下而上为依据，进行整个建构流程的迭代优化，直到形成满足高效性能要求的建构选择。对应建筑复杂形态的项目建构阶段，分别是初步设计阶段、模型深化阶段与加工建造阶段，如图 3-9 所示。

进行设计工作时，算法和程序的运用将数字化设计工具贯穿于设计与建造之间，设计通过材料和空间实现，而不是仅仅停留在形式的层面。而结构的选型会对建筑外观、构件的形式、材料的选择、建造方式、结构性能以及整体的经济性和合理性产生诸多方面的影响。不同的结构会对建造方式产生很大程度的影响，如受压拱结构可以采用下支模板的方式进行建造，也可采用设备吊装与人工协同的方式进行建造。同一种结构形式可以采用不同的方式进行建造，但更多的是不同的结构形式对应着不同的建造工艺与方法。

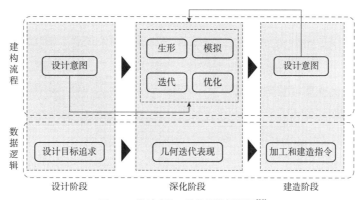

图 3-9　设计建造一体化的数据逻辑[82]

相较于以往先设计方案再规划建造方案的单向流程,建筑设计建造一体化的具体表现是:在同一平台下进行设计的同时展开建造方案设计,通过模拟仿真进行实时反馈,以达到设计与建造的平衡,即通过数字化设计平台将建造、结构生型以及模型优化进行整合,三者相辅相成,共同促进了一体化设计的发展。建筑师在同一平台下以结构性能串联设计流程与建造流程并优化相关的设计方案与建造方案,实现从设计到建造的全流程把控。

3.2.2　执行阶段:建筑数字建造

数字建造工艺的发展对智慧建造流程的探索起到了积极的作用,形成了集参数设计、性能优化、几何转译和机器人施工于一体的智能化设计建造流程,精准指导了包括砖、石、木、塑料、金属及复合材料的数字化建构实践。

对材料、结构的性能植入是建筑数字建造前期进行参数化找形的必要环节,也是相较于传统设计方式的优点之一。通过在前期曲面找形阶段引入各类形态计算或结构计算的非标准形态优化插件或算法,使最终呈现的形态可以充分利用结构特点并发挥材料性能。

性能化设计依托可计算的数据流,实现设计的精准表达,也为建造阶段的精准控制提供了依据。得益于设计建造一体化方法,数据流可以从设计阶段平顺过渡至建造阶段,并在各个建造设备之间互相传递,借助可视化设备,人与建造设备之间形成的网格化反馈关系,也形成了人机协作的工作状态。

建筑数字建造方法不仅局限于对建筑的数字化设计,同时也包括建造设备设计、建造行为控制和算法开发的一整套流程。对于不同建筑类型和建筑材料,可形成以下两种特定路线的建造方法。

1）砖结构数字建造案例

在前期曲面找形阶段引入使用 C 语言编写的曲率优化插件，使最终像素化的砖块能够符合砌筑需要的极限曲率要求；另外，在结构模拟中，对曲面墙体所需的配筋进行结构优化，并对钢筋在最终完成面中的位置进行检查；对建造的曲面进行施工预分块、现场定位与建造顺序标定，最终指导与保障现场数字施工的可实施性。数据通过参数的形式在设计与建造间传递，基于材料与结构性能的优化过程，可以不再区分形式生成与实体建造的过程。

基于性能化设计与机器人现场砖构的智能化设计建造方法，将设计的概念从传统图纸的二维化表达以及建筑模型的三维化建模，扩展到建造过程的时间性模拟，并实现了精准控制。如图 3-10 展示了基于砖结构的数字化建造实践。对于情况多变的现场建造的复杂问题，通过构建多智能体系统的方式，通过"自下而上"的"自组织"方式，呈现不断趋于优化的结果。找形与优化被扩展至施工阶段，设计和施工相互交织，机器学习与算法思维贯穿了整个建筑的设计建造过程。通过在三维建筑几何模型的数据框架上引入时间维度，建筑师不但可以模拟施工现场材料建构的过程，还可以直观分析机器人在未知区域运动可能发生的问题，并及时进行矫正[105]。

图 3-10　基于砖结构的数字化建造实践 [85]

2）钢结构数字建造案例

钢结构形式作为刚性结构的典型代表，其形态会因为结构内部产生的扭矩和形变，从而影响结构稳定性。基于最大机械效率和最少材料使用的设计原则，得出的结构形式具有最小的弯矩、应变能量和形变，使得结构表面的能量最小化。基于进化和自组织原则的数字算法通过拓扑的交互式分析来评估形式，迭代计算应力和形变对形式的影响，生成符合拓扑关系的最佳结构形式。

在"钢铁之心"的力学找形过程中，设计者选择形式语法生成的最佳空间路径作为设计原型，由钢板组成基础几何形态作为找形的支点，初步建立应力、扭矩、形变、材料之间的关联并开始力学找形。给定基本体量后，在 Millipede 中模拟极限应力条件，基于推算的力流分布生成空间连续应力线，将其抽象为结构加强线条再轧制为钢板面的图案形态，强化结构稳定性，并借助应力线生成的钢板形式呈现出自组织特征，在完善刚性结构力学性能的过程中实现形式优化。

在项目建造过程中，首先基于遗传算法所提供的搜索技术，选择使用最少材料的曲面分区方式，将所有曲面划分为若干面板组件，得到满足材料强度、挠度和经济用钢量的分区方案，如图 3-11 所示；其次通过面板分析对比 57 块面板与标准钢板的面积，确保数字机器人能够冷轧并切割出小于标准钢板的组件；最后按照软件模拟的建造步骤用螺栓将钢板连接组成最终形态，即完成钢结构装置的搭建，最终搭建效果如图 3-12 所示。

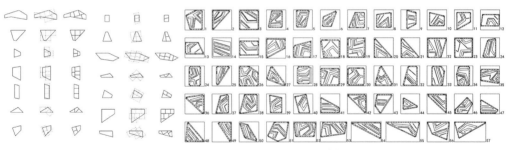

图 3-11　"钢铁之心"曲面划分方案[86]

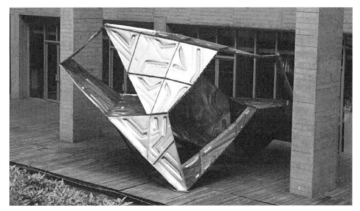

图 3-12　"钢铁之心"实景[86]

3.2.3　交付阶段：竣工模型的一体化管理

竣工交付阶段主要工作量由项目经理向总监理工程师提交竣工验收报告，并由建设单位组织施工单位、监理单位和设计单位等进行竣工验收。在传统的竣工交付阶段，施工单位的主要工作包括施工文件档案管理、竣工决算管理和工程项目试运行管理。基于 BIM 技术的智慧建造过程，从设计阶段或施工准备阶段引入 BIM 模型，实现全过程信息传递与交互，BIM 模型包含的数据库也在不断完善过程中提升效率。以装配式建筑的建造过程为例，引入 BIM 模型可对建造全流程进行有效管理，对于施工过程进行有效调控，在对接前期的设计阶段和后期的运维阶段，能够实现数据全流程贯通，如图 3–13 所示。

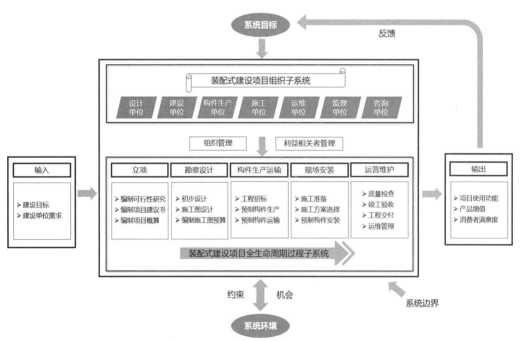

图 3–13　装配式建筑的 BIM 竣工模型一体化管理 [69]

将已提取的装配式建设项目系统要素，作为基于 BIM 的装配式建筑智慧建造管理体系的构建依据，融合了智慧建造的思想，以智慧化为原则，进行基于 BIM 的装配式建筑智慧建造管理模式构建。把装配式建筑智慧建造过程分为组织、设计、生产、运输安装和运营维护五个阶段，结合装配式建设项目一级系统要素研究，最终确定基于

BIM 的装配式建筑智慧建造管理体系的一级指标为：智慧组织管理、智慧设计管理、智慧生产管理、智慧运输及安装管理、智慧运维管理、智慧建造平台管理。根据确定的一级指标，将装配式建设项目二级系统要素进行合理筛选、归并和智慧化，最终完成完整的基于 BIM 的装配式建筑智慧建造管理体系的构建和详细解释。

竣工模型交付过程中，具体实施要点主要包含以下三个方面。

1）图纸与模型一致性核查

受工程工期或其他因素影响，图纸版本及设计变更较多，容易出现模型更新速度滞后的情况，导致最终模型与竣工图纸不符。因此在竣工交付时进行图、模一致性核查的工作十分重要，通过核查可极大程度上避免模型错误与遗漏，使其完整反映图纸设计内容。此项工作难点在于需将全部图纸与模型进行同步比对核查，传统核查方式耗费时间较多，人力投入较大。

核查过程中要使用相关软件，将三维 BIM 模型与二维设计图纸同步进行浏览查阅，可大幅提升审查工作效率及质量，确保交付给建设单位的竣工模型能包含项目全部设计变更内容，满足后期运维阶段对图纸与模型一致性的需求。

2）模型与实物一致性核查

施工过程中因人为等因素，经常会导致现场实际施工情况与设计图纸存在偏差，致使 BIM 模型与实物存在不符情况问，这便需要通过模型与实物一致性核查工作来解决。模型与实物一致性核查工作随着智能设备的不断普及，通过三维激光扫描、全景影像采集、影像资料与图纸关联等方式可有效辅助核查工作提质增效，如图 3-14 所示。

例如，在机电安装及装饰装修施工阶段，BIM 模型与现场实物一致性核查的重点主要为各专业设备、末端点位的数量及位置核查。为提升现场信息采集效率，减少了

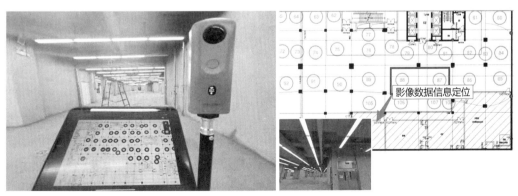

（a）预定点位采集实物信息　　　　　　（b）实物信息上传云端平台与图纸关联

图 3-14　智能化的模型实物一致性核查[89]

人力成本投入，项目采用智能全景相机设备，分阶段对现场实景进行采集。之后通过将各个采集点位的影像数据与二维图纸进行关联。在进行模型与实物一致性核查时，可直接通过调取各个点位全景影像数据来获取现场实际情况，进而对竣工模型做出调整，极大程度上提升了核查效率。经整理后的全景影像资料同时也可作为竣工交付成果移交建设单位及运维单位使用，有效提升项目竣工交付效率。

3）运维资产信息盘点与数据关联

模型竣工交付除应做好图、模、实一致性核查之外，运维资产信息盘点及模型与信息关联工作也十分重要。施工单位应提前与建设单位、运维单位、楼宇智能单位等进行沟通，确定运维阶段所需资产信息清单项以及构件编码规则、之后将所需信息与模型构件进行关联。资产信息与模型构件关联通常采取以下两种方式：①直接将信息录入至模型构件；②通过模型构件编码，将信息与构件进行关联，信息可统一存放在独立数据库中，即采用"数模分离"的方式。前者需投入大量人力进行信息录入工作，后者则需要企业单位具备较强的 IT 技术能力进行数据库搭建与维护，便于项目在运维阶段对建筑信息实行有效的数据对接与管控。

习题：

1. 性能驱动下的建构进行着从（　　）到（　　）再到（　　）的数据传递，对应建筑复杂曲面的项目建构阶段，分别是（　　）阶段、（　　）阶段与（　　）阶段。

2. 数字建造工艺的发展对智慧建造流程的探索起到了积极的作用，形成了集（　　）（　　）（　　）（　　）于一体的智能化设计建造流程。

3. 简述设计建造一体化的优势与特点。

思考题：

现有的智慧建造方法应如何破局以推广与应用？

3.3　建筑智慧建造技术

伴随信息化发展的脚步，众多具备学科交叉性质的新兴技术为建筑建造阶段的发展注入了新的活力。建筑智慧建造涵盖了多种技术，这些技术能够将集成的环境信息建模方案与绿色性能优化策略转变为可执行的建造方案，并提高建筑建造过程的效率、质量和可持续性。本节从建筑工程项目推进方式与建筑构件加工过程的角度，展开阐述 BIM、GIS、物联网、大数据、建筑机器人和 VR/AR 技术在智慧建造各个层级的应用方法，并在具体建造环节中就开展应用的方式和手段进行说明，展现技术在实际应用的具体逻辑。

3.3.1　BIM 技术在智慧建造中的应用

BIM 技术基于三维模型集成了建筑项目的多维信息，包括几何形状、构件属性、材料、成本、进度和能源效率等，其可视化与可模拟仿真的特性能够允许建筑、结构、暖通、给排水和电气等多专业创建精确的三维数字建筑模型，并在模型内实现各专业间的协同工作与优化，提高工作效率；其多维数据集成与支持数据分析和数据管理的特性，促进几何信息、时间信息和成本信息等多维数据在同一平台内共存，生成的大量数据可用于分析建筑性能、资源利用和成本控制，为后续决策提供依据。

BIM 技术支持建筑项目的全生命周期管理，包括设计、施工、运营和维护，通过集成以下相关技术的协同平台展开对项目基本结构的设计、建设项目规划、施工组织管理、项目运营管理、信息系统管理等一系列要素与环境进行分析，可促进数据在建造全流程的贯通，如图 3-15 所示。

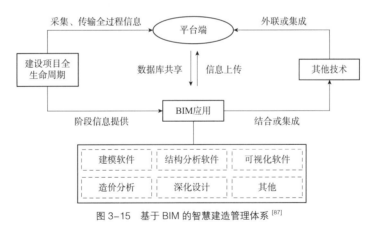

图 3-15　基于 BIM 的智慧建造管理体系 [87]

1）施工环节模拟仿真技术

BIM 能够进行 3D 化建模能够核对平面图纸中隐藏的结构问题，及时通过平台端沟通各方技术人员，上传图纸中存在问题的汇总信息、更新图纸；同时在对各专业内容进行深化设计过程中，能够改进结构布置、减少材料用量、方便施工作业等；结合造价模块、绿色分析等专业软件，可以对建筑信息模型深入分析，并借助平台端实现各方协同工作、信息互通的状态等。

传统施工方案的编制是通过分析项目的重点和难点，并借助施工技术人员或专家的经验分析，完成施工方案的设计与调整优化。但是，仅依靠技术人员或专家对项目的理解和经验，会因为较多的主观因素影响产生不确定性，所以传统意义上施工方案的编制无法进行直观的比较、有效的验算和有依据的优化，无法预料项目实施过程中的突发问题。这就需要借助计算机虚拟建造技术对施工方案中的各种不确定性以及合理性进行提前预演，以对项目进行有效控制，在各类方案中进行比较并优化。

基于 BIM 的建造模拟仿真技术，在三维模型基础上增加项目的发展时间和造价控制，从而可确定更加合理的施工方案，实现精确快速的施工成本控制。获取到项目的三维模型数据后，需要对施工活动的时间、物料、设备和人员等要素进行详细的配置和细化，以完成施工流程的模拟仿真。

模拟仿真过程的三维可视化功能，不仅能直观呈现构件、场地、建筑的三维模型，且可详细展示单个构件从入场、模块绑定、运输和堆放、拼接到吊装的全部施工流程。这种全流程可视效果，对施工人员立体化指导和培训的效率以及检测建筑构件和设备之间冲突和碰撞的效率具有显著提升，有助于提前调整设计和建造策略，减少施工中的问题和延误。

2）模型驱动数字加工与装配技术

随着信息技术和数字化技术的发展，更多智能化建造设备被引入了建筑行业，以满足复杂形态和加工工序的构件的加工。这些复杂构件根据 BIM 技术生成的设计图纸在工厂中通过智能化建造设备进行集中生产，运送至现场进行安装。目前，3D 打印设备、焊接机器人、钢筋加工机械、装饰构件雕刻、管件或板材裁剪等常见的数字加工技术手段，大幅提升了构件加工效率，实现了构件绿色化和集约化生产。构件工厂根据加工工艺及安装要求由深化设计 BIM 模型建立加工模型后，导出形成数字加工设备所能识别的工程文件，数字加工设备可调用相应数据文件进行智能化生产。

现场智能化装配是数字化建造的主要特征，它采用机械设备替代大量人工作业，提高了建筑构件安装过程中的作业效率及安全性。通过建立 BIM 模型，可对构件进行模块化划分，得到安全可靠、材料节约、便于安装的设计方案，由模型提取获得各个构件的材料清单，为智能化安装奠定基础。为了保证大型预制构件整体安装就位顺利，就需要通过 BIM 模型虚拟拼装方式找出安装过程中的关键控制点、关键路径，协调待安装构件与既有结构间空间位置关系，大幅减少巨型构件整体安装错误的可能性。例如，在安装过程中，可将模型输入机器人全站仪，在 BIM 模型中输入放样点坐标，可对构件安装关键点位进行动态精准控制，以提高建造效率。

3）BIM5D 施工管理技术

BIM5D 技术是在建筑信息模型（BIM）技术基础上的进一步发展，它结合了建筑信息模型（BIM）的三维（3D）数据、项目的时间（4D）和成本（5D）数据。

BIM5D 包括建筑项目的三维建模数据，这些数据提供了关于建筑物的几何形状、结构和外观的详细信息。这使得设计师、工程师和建筑师可以更好地理解项目的外观和布局。

时间数据表示建筑项目的时间表和进度。通过将时间因素与建筑模型结合，团队可以根据可视化项目的不同阶段，进行进度跟踪和管理。这有助于确保项目按计划进行，减少延误和成本增加。

与项目成本相关的数据包括建筑材料、劳动力、设备和其他资源的成本信息。通过将成本数据与建筑模型和时间表结合，团队可以进行成本估算、预算控制和成本分析，从而更好地管理项目的财务。

BIM5D 技术的主要目标是为建筑项目提供综合管理工具，它使项目团队能够在一个平台上集成设计、进度和成本数据，从而更好地协调和优化项目的各个方面。这有助于降低项目的风险，提高效率，并减少浪费。图 3-16 展示了某 BIM5D 城市基础设施管理平台。

集成 BIM5D 技术的管理平台在开工前利用平台的模拟功能对进度计划、劳动力分布、物资计划及大型设备进出场安排进行方案优化，做到合理分布、紧凑衔接、物

图 3-16　BIM5D 可视化管理平台 [90]

资均衡。项目开工后应及时在平台上对比实际进度与计划进度的状态，查看是否有未按照计划完成的目标任务，如有工期滞后的单项，管理人员可根据施工情况对进度计划进行调整，平台也会同步更新进度，安排方便施工人员查看，以便在周工作例会上安排任务并及时按照新的进度安排指导施工。

3.3.2　GIS 技术在智慧建造中的应用

GIS 技术在环境信息采集与集成模型发挥这关键作用，为建筑从图纸阶段向实物阶段的转化提供了坚实而全面的数据基础。该技术与 BIM 技术相结合形成场地布置技术与施工安全管理技术，从二维视角与三维视角两个方面分别展现出其各类基础信息点、线、面的几何信息，从而以更便捷的手段表达和展示建造场景的核心信息（如场地道路、景观、构筑物、建筑物和土地利用等、空间布局和资源利用情况），使得场景信息以充分展示，在规划设计过程中相辅相成，共同助力单体建筑或多建筑的片区性建设。

1）基于 BIM+GIS 的场地布置技术

无人机终端的出现减小了场地数据获取的难度，使得地理信息数据到三维模型数据的转换过程大幅度缩短，相较于传统的人工场地测绘工作，无人机测量技术可在计算机软件中处理生成地形模型，通过输出地形数据实现设计地形与施工地形的快速比对，以助力后续工作的展开，节约大量劳动力的同时，可提升工作效率，缩短施工周期。

GIS 可提供工程周围地形、管线、道路、既有建筑物等空间地理数据，并通过空间分析等手段对空间地理数据进行设计与施工。具体应用包括：通过 GIS 平台查看 BIM 模型和施工现场影像，展示地形地貌、拆迁范围、周边环境；通过特定的算法工具对场地平整度、地貌地质等进行分析，开展辅助场地踏勘、辅助筛选适合施工的区域和辅助选择施工临时设施的位置；通过集成 BIM 和 GIS 技术整合施工所需材料和材料供应商信息，可视化监控供应链的状态；结合 GPS 和 GIS 追踪现场施工人员位置和移动情况，开展用于人工消耗量的统计；通过地理信息系统查看工程周围已有管道等设施，检查新建工程与既有管线之间的冲突情况，为管线改移等提供参考，减小工程对城市的影响。图 3-17 展示了 BIM 与 GIS 技术在设计施工过程中的整合应用。

2）基于 BIM+GIS 的施工安全管理技术

GIS 的另一个重要应用是地质信息的管理和应用。在地下空间工程、隧道工程、水利工程等工程中，地质情况是影响工程设计施工的重要因素。利用 GIS 中的地质

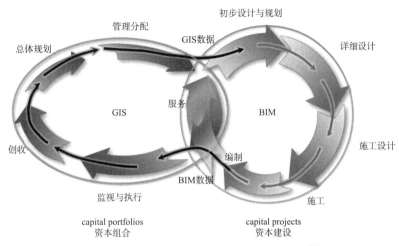

图 3-17　GIS 与 BIM 技术在设计建造过程中的整合 [91]

模型信息，可进行施工中边坡安全风险评估、隧道定位、病害查询、地质预报、地质监测、地质剖面的获取和应用等。

　　BIM+GIS 可对施工环境、安全投入、材料设备、技术方案和组织管理进行有效的风险管理，并制定出相对应的解决方案，分别为地质环境分析、施工方案模拟、设施设备管理、安全培训交底和应急预案规划，将这 5 个模块形成 BIM+GIS 的施工安全风险管理实施框架，阻断施工安全风险因素的传递，如图 3-18 所示。

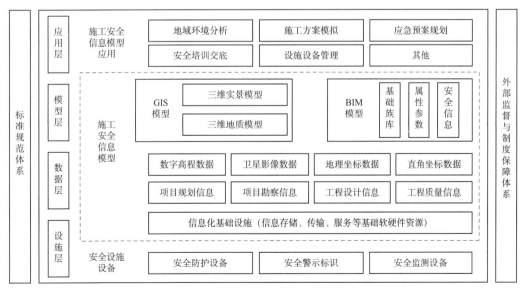

图 3-18　GIS+BIM 施工安全管理实施框架 [91]

3.3.3 物联网+大数据技术在智慧建造中的应用

物联网技术作为"连接物品的网络",承担着从现实世界收集信息和控制现实世界的各种物品的工作。物联网技术可对施工过程中产生的大量信息进行实时感知和动态采集,并将采集到的数据和信息进行实时传输,实现现场施工过程中产生的各种信息和数据的实时获取和汇总;对施工过程中的各种控制指令进行下达,实现自动化施工设备的实时控制。现实世界信息的采集一般通过二维码、RFID 识别装置、定位标签、视频摄像机、各种传感器等自动化采集技术,或以人工录入的形式进行。数据的传输通过电缆、LoRa、窄带物联网、Wi-Fi、蓝牙、4G/5G 等有线或无线通信技术进行。物联网是智能建造系统中的"神经系统",实现智能建造体系中的前端感知和终端执行。

建筑物联网则是指以互联网为基础,通过智能终端的安装及管理平台的使用,将用户端延伸到建筑内部物体与物体之间、建筑与建筑之间进行信息交换和通信,所有的建筑设备都与网络连接在一起,方便智慧化识别、定位、跟踪、监控和管理,以帮助人们更及时准确地对建设项目进行质量追溯,如图 3-19 所示。

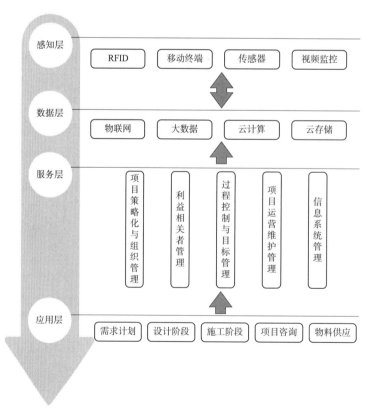

图 3-19 建筑物联网通信架构

1）RFID 技术

射频识别（RFID）技术一种无线通信技术，用于通过射频信号识别、跟踪和管理物体。RFID 系统通常包括两个主要组件：RFID 标签（或 RFID 标签卡）和 RFID 读写器。

RFID 技术在施工中通常用于对施工现场人员、机械、材料、施工方法、施工环境等要素的在线实时监测和控制，并与大数据技术配合实现对人员与设备的管理。例如，在现场施工人员管理方面，通过具有 RFID 芯片的安全帽等可穿戴设备，可实现施工人员身份管理、定位追踪、安全预警等功能；在机械管理方面，可实现对机械状态的监控，如追踪机械设备的分布状况和运动轨迹、对塔式起重机结构和作业状态的监控、盾构油液状态的在线监测等；在材料管理方面，RFID 技术配合无线网络等技术，在预制构件进场、堆放、出堆、吊装等环节实现构件的追踪和管理；在施工管理方面，可实现施工风险因素的实时监测如高支模架体稳定性、边坡稳定性、受施工影响既有结构健康监测、工地非法入侵检测、个人防护装备使用情况等。

2）NB-IoT 技术

NB-IoT（Narrowband Internet of Things）以蜂窝网络为基本结构，实现了低速窄宽带环境下物联网的有效构建，NB-IoT 对于蜂窝结构的合理使用使得其与传统的物联网通信技术相比，在只需要消耗 180kHz 左右的带宽的情况下，就可以进行物联网络的设计与部署，即低速率窄宽带物联网通信技术。与此同时，将 5G 作为 NB-IoT 信息传播的载体，使得融合后的 5G + NB-IoT 技术继承了 5G 网络大带宽、超高速率、低时延等优势，技术框架如图 3-20 所示。

图 3-20　5G+NB-IoT 智慧工地技术框架

基于上述 5G + NB-IoT 技术的主要特点，将其应用于施工现场，可以应对复杂多样的施工环境，且不受现场材料堆放及机械设备对于信号遮挡的影响；避免受到网线长度或传输技术信号的限制，满足大型施工现场物联网覆盖需求；超低时延对于工地实时监控的物联设备达到完美支持，实时预警误差更小；低功耗的物联设备可以在单节电池下长时间工作，解放电线束缚便于更好地布置在机械设备上。

3）LoRa 技术

LoRa（Long Range Radio）技术是一种低功耗广域网（LPWAN）技术，专为物联网（IoT）应用而设计。该技术的主要原理是：设备使用 LoRa 调制方式将数据发送到一个或多个 LoRa 网关，然后网关将数据转发到云端服务器进行处理和存储。云端服务器可以与应用程序相连，以便用户可以远程监控和管理连接的设备。

LoRa 技术可用于实现装配式建筑智能建造仿真模拟，如图 3-21 所示。该体系以装配式构件施工流程为主，建立以 LoRa 模块的布置，进入施工场地前构件的运输，装配式构件的检测，进入施工场地后构件的运输及堆放，装配式构件拼接，构件的定位监测，构件的吊装，模块信息的采集及上传作为具体的施工顺序；将预先设计的施工流程结合相应的智能化施工功能手段，如基于低能广域物联网的 LoRa 技术、基于计算机语言的数学建模技术以及基于建模软件的施工模拟动画化技术，以完成施工流程中的任务为目标，建立解决施工问题的对应方案方法，通过这些智能化方案方法得到施工的模拟仿真结果，以可视化的数据、动画、模型、图表方式呈现出来。

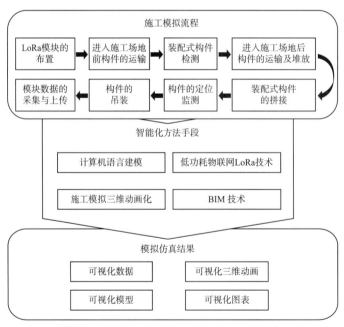

图 3-21　基于 LoRa 技术的施工模拟技术框架 [97]

3.3.4　建筑机器人在智慧建造中的应用

建筑机器人是指应用于建筑工程的机器人系统，能按照计算机程序或者人类指令自动执行简单重复的施工任务。建筑机器人一般由控制系统、感知系统、驱动系统和机械系统四大系统组成。机械臂作为建筑机器人的代表，是诞生于 20 世纪 60 年代的数控机械工具，它由一定数量的可移动的相互连接的刚性关节组成。关节通过轴相互连接，各个轴的运动通过电机有针对性的调控实现，轴的数量越多灵活性也就越强。在建筑行业引入机械臂应用技术能够辅助建筑师完成自动化、定制化的制造工作和复杂形体的建造工作。同时建筑工程也能降低成本、节约劳动力资源、缩短工期，使施工过程更加节能环保，以产生社会效益。随着数字技术被引入建筑行业以来，建筑行业开始使用工业机械臂进行构件加工和现场施工。例如，机械臂切削、机械臂三维打印、机械臂热线切割泡沫、机械臂协同编织、机械臂自动砌墙、机械臂绑扎钢筋、机械臂焊接、机械臂喷抹等。使用机械臂进行数字建造可以提升建筑质量，节省成本，提高复杂形体加工的精度和效率。如图 3-22 展示了 BIM 技术整合建筑机器人的协同建造平台。

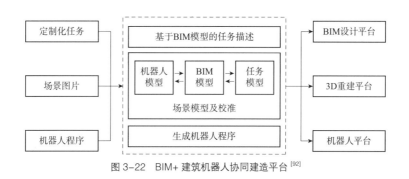

图 3-22　BIM+ 建筑机器人协同建造平台 [92]

1）减材制造技术

减材制造技术，是一种在制造过程中从材料块中去除多余材料以获得最终工件形状的方法。与传统的造型方法（如铸造和锻造）不同，减材制造技术通过逐层去除材料来构建工件。在建筑构件加工过程中常用到的减材技术有以下几种。

（1）铣削技术：指通过加工工具减少或去除材料的加工方式，同数控机床的 3 轴铣削类似。铣削技术可以应用于 6 轴机械臂或 7 轴机械臂平台中，由于其更大的自由度与灵活性，可以完成传统 3 轴铣床无法完成的复杂程度更高的铣削工作，如图 3-23 所示。在建筑方面可用于混凝土模板制作，一般是用于制造复杂曲面的形体混凝土成型模板，以进行模具的现场或非现场浇筑。同时可用于木材构件的加工，通过对木材进行标准或非标准的加工，可实现高度定制化的加工工艺。

（2）热线切割技术：指借助既定设备（如机械臂）通过控制电热丝对一些特定材料沿着特定的路径进行体积切割，如图 3-24 所示。相比于传统的 CNC 铣削，热线切

图 3-23　6 轴机械臂铣削工作 [93]　　　　　　　　图 3-24　6 轴机械臂热线切割 [84]

割可快速地得到目标形态，在建筑中多用于制作模板，也可直接用于一些特殊结构。为了保持精度，常规的电热丝在切割的过程中多为紧绷的直线状态，加工过程类似于直纹面的生形过程，由此方法切割得到的曲面形式即被限定为直纹曲面。通过更为复杂的算法和工具亦可通过机械臂控制热丝的形态进行双曲面形式的切割。

2）增材制造技术

增材制造是一种累积材料的制造方法。20 世纪 80 年代末，增材制造的技术逐渐发展。美国材料与试验协会（ASTM）F42 国际委员会对增材制造给出定义，增材制造是依据三维模型数据将材料连接制作物体的过程。增材制造能够实现复杂形体的制造，在制造过程中不受场地和刀具的影响，并且可以减少材料浪费。增材制造技术的优点包括高度的自定义性、几何复杂性、减少废料、快速原型制造和生产灵活性。

增材制造在建筑中的主要应用为 3D 打印技术，如混凝土打印技术、硅酸基材料打印技术和磷酸基打印技术等。应用于建筑工程的 3D 打印技术作为新型数字建造技术，集成了计算机技术、数控技术、材料成型技术等，采用材料分层叠加的基本原理，由计算机获取三维建筑模型的形状、尺寸及其他相关信息，并对其进行一定的处理，按某一方向将模型分解成具有一定厚度的层片文件（包含二维轮廓信息），然后对层片文件进行检验或修正并生成正确的数控程序，最后由数控系统控制机械装置按照指定路径运动实现建筑物或构筑物的自动建造，如图 3-25 所示。

图 3-25　混凝土 3D 打印 [84]

　　由于 3D 打印技术跨学科的性质，涉及的知识领域较为庞杂，需要对机械设备、材料开发、打印路径等方面进一步地探索。目前，常见的机械臂打印路径规划类型有：水平逐层打印、变平面打印和曲面打印等，如表 3-1 所示。3D 打印技术相比传统建造方式，具有如下特点：生产速度快、材料可定制、成本可控、造型多样化以及节约劳动力。

3D 打印方式及效果　　　　　　　　　　　表 3-1

打印方式	水平逐层打印	水平逐层打印 （梯田效果）	变平面打印	曲面打印
打印效果				
项目名称	迪拜市政局行政大楼	Prvok 水上小屋	Striatus 缆索结构桥	Biomimetic Reef 项目
建成时间	2019	2020	2021	2021
项目团队	Apis Cor	Prvok	ETH，Zaha Hadid， Incremental3D	XTreeE

3）协同装配技术

　　机械臂装配即通过三维模型定位技术获取目标的精确位置，并通过手臂末端的夹具将其移到相应的位置，在建筑中多用于多机械臂自主装配或人机协作。最常见的应用即为单个机械臂直接通过末端工具将目标移动到三维模型中定位的位置。随着机械臂建造工艺的进步及建造对象越来越精细化及复杂化，开始出现机械臂协同技术，如图 3-26 所示。

　　（1）第一种为固定龙门架（Fixed Gantry），将一台或多台机械臂固定于龙门架，依托于龙门架可提供一到三个外部轴，机械臂能在更大的可达空间内进行操作，而不受机械臂本身工作范围的限制。这是一种在车间内的预制方法，需在车间加工完成后运送至建造场地，但加工的建筑构件在一定程度受到运输设备的限制。

　　（2）第二种为有约束移动建造平台（Transportable Platform），由一台或多台机械臂及外部轴组成或集成于一个平台中。工作地点不限于加工车间，可通过运输设备移动至建造现场、加工车间等任何场地。可在建造现场进行构建或直接对建造对象进行加工，如图 3-27 所示。

图 3-26   机械臂与传送装置协同装配[95]　　　　图 3-27   机械臂协同装配空间金属结构[84]

（3）第三种为无约束移动建造平台（Mobile Platform），由一台或多台机械臂及一个移动平台组成。此系统中的机械臂通常无移动约束，加工范围由移动平台的可达范围决定。移动平台上可根据工艺需求集成多种设备以满足现场复杂的需求，可用于建造现场进行大范围或远距离的工作。

3.3.5　VR/AR 技术在智慧建造中的应用

虚拟现实技术（VR）和增强现实技术（AR）在智慧建造中发挥关键作用。它们通过虚拟设计和规划、施工和工程管理、培训和安全、维护和运营，以及客户交互和展示等方面的应用，为建筑行业提供了创新解决方案。从设计团队的虚拟模型体验到施工现场的实时导航，再到维护人员的虚拟培训，这些技术在不同阶段提高了效率、降低了成本，同时改善了整个建筑生命周期的管理和可视化。

1）虚拟现实技术（VR）

虚拟现实技术是一种可以创建和体验虚拟世界的计算机仿真系统。该技术利用计算机生成一种模拟环境，通过多源信息融合的交互式三维动态视景和实体行为的系统仿真，使用户沉浸到该环境中。虚拟现实技术是实现虚拟建造过程的重要技术手段，设计师能够借助相关设备在虚拟环境中模拟建造过程，对设计内容进行复现、评估和反馈，提前发现潜在设计问题并进行改进。

虚拟现实技术由于可以对生产环境和设备进行直观的模拟，所以可以测试新兴的装备技术和工艺过程、对工人进行非标准装配维护技能的培训，以及在复杂建筑空间建造中提供步骤说明和建造辅助等。如图 3-28 展示了基于 VR 技术的人机交互界面。

通过虚拟现实技术，工人可以快速学习新的建造及装配技术。在施工过程中，可以

图 3-28 基于 VR 技术的人机交互界面 [99]

运用该技术将建筑信息模型与实际空间相
叠加，引导辅助工人完成复杂工艺，提高
建造效率，如图 3-29 所示。随着建筑产
业的升级和人口红利的逐渐消失，施工建
造将逐渐以较高素质的专业工人代替传统
的建筑工人。虚拟现实技术由于其仿真、
直观、高效、价格低廉等特性，将在未来
的施工领域中展现出巨大的发展空间。

图 3-29 VR 技术辅助远程控制施工现场 [100]

2）增强现实技术（AR）

增强现实技术是一种集定位、显示、交互等科学技术于一体的新型感知技术。将
虚拟物体或信息与现实物理环境交互融合，让虚拟物体和真实的物理场景共享同一空
间，增强了使用者对物体的感知，该技术可以让用户通过感官感受到虚实空间的融合
与联动来增强用户对现实环境的感知和认知。如图 3-30 展示了 ThyssenKrupp 公司
基于 HoloLens 的 AR 应用。

增强现实可用于建筑辅助建造。清华大学建筑系 2017 年暑期工作坊通过增强现
实技术打造的增强现实投影平台，对施工过程进行监控，评估复杂机器人木构桥梁在
建造中和加工的误差累积，并对整体结构的形变导致在建造过程中出现实际建造的复

（a）HoloLens 空间静态实物信息识别　　　　　　　　（b）HoloLens 空间可操作物件信息识别

图 3-30　基于 HoloLens 的 AR 应用[100]

杂空间角与设计构件角度不匹配的问题进行修正。小渕祐介教授带领的东京大学研究生在实验中将增强现实技术与三维扫描、实时参数化结构分析与优化相结合，进行"建造引导—结构评估—实时优化—按照优化结果继续引导搭建"的循环方式。在该模式下的建造过程中，前序工序所积累的误差通过增强现实定位和三维扫描可返回到电脑中，并依此进行后续结构和工序的优化。通过增强现实的引导系统，施工人员可在后续过程中对前序工序所产生的误差依照优化结果进行补偿。

3.3.6　人工智能技术在智慧建造中的应用

人工智能技术在建造的应用是建筑迈向智慧化的具体体现，它以智能算法为载体，对施工现场的多源多维数据进行分析，总结数据中隐含的规律，进而实现对施工过程的智能监测、预测、优化和控制，如图 3-31 所示。

（1）进度管理方面，可利用人工智能技术进行施工进度的自动生成、优化和预测，如利用基于人工智能的推理模型来预测项目的生产力、利用进化模糊支持向量机预测变更引起的生产力损失、利用神经网络—长短时记忆模型估计工程竣工进度、基于图像识别的施工进度的自动识别等。

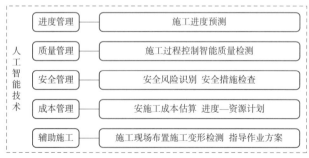

图 3-31　人工智能技术智慧建造中的应用

（2）质量管理方面，人工智能技术可进行施工过程控制和施工质量智能检测，对施工过程进行控制以保证质量，如预应力拉索的智能张拉、预测渗透注浆中水泥浆的结浆性能、预测大体积混凝土浇筑时的温度和温度应力变化、混凝土智能养护等。利用人工智能技术对施工质量进行检查，如混凝土表面裂缝检测、混凝土振动质量实时监测等。

（3）安全管理方面，人工智能技术的应用集中于安全风险的识别和安全措施的检查方面，如施工机械操作员的疲劳作业检测、施工中不安全行为预警、安全帽佩戴检测、安全风险评估等。

（4）成本管理方面包括施工成本的预测和控制，如工程造价估算、机械数量的合理安排、辅助制定进度计划和资源配置方案等。

此外，人工智能技术可用辅助现场施工，如塔式起重机的自动化规划、施工过程中变形情况的监测和预测、隧道围岩的自动分级、施工机械位置和姿态的确定、机械工作参数的预测等。

1）计算机视觉技术

计算机视觉是以成像系统代替视觉器官作为输入传感手段，以智能算法代替人类大脑作为处理分析枢纽，从图像、视频中提取符号数字信息进行目标的识别、检测及跟踪，最终使计算机能够像人一样通过视觉来"观察"和"理解"世界。

在建筑工程领域中，计算机视觉技术的应用主要集中在通过摄像头或图像采集的相关装置，动态采集现状人、机、物的影像，针对建筑本体以及建筑本体以外的人员、机械、物料、环境风险要素进行监控。计算机图像识别的应用对于提高建筑工程的项目管理和施工质量具有很好的辅助作用。

计算机视觉在土木工程领域的混凝土裂缝检测、结构损伤识别、施工现场安全监控等方面得到了大量研究，具有十分广阔的应用前景。

例如，可以通过图像识别技术进行施工现场安全与健康监测，将以往的计算机视觉研究分为目标监测、目标跟踪及动作识别等 3 类，并提出基于计算机视觉的安全与健康监测通用，如图 3-32 所示。目前已经研发出一种基于计算机视觉的施工人员安全帽佩戴检测方法，该方法首先在视频帧中识别人体和安全帽，再进行人体和安全帽的空间关系匹配，最后对未佩戴安全帽的施工人员发出相应警报。

计算机视觉技术进行混凝土表面裂缝检测研究，相关学者针对建筑结构的维护问题，专注于开发一种基于计算机视觉技术的混凝土结构表面裂缝检测方法。研究旨在提高裂缝检测的自动化程度和准确性，特别是在难以接触或视线受限的建筑部分。

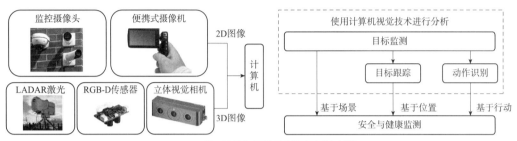

图 3-32　基于计算机视觉技术的安全监测[101]

该研究方法使用无人机和机器人等智能化视觉采集设备，获取高分辨率图像，通过双边滤波算法和三段线性变换对裂缝图像进行预处理，改善裂缝边缘的可识别性。再利用深度卷积神经网络（CNN），结合迁移学习技术，建立了混凝土结构表面裂缝的自动识别模型。这一模型能够在海量的检测图像中快速、准确地识别出包含裂缝

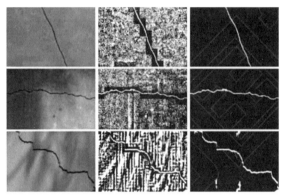

图 3-33　基于计算机视觉技术的混凝土裂缝检测[102]

的图像。这种能从图像中自动定位裂缝并获得裂缝宽度的深度卷积神经网络裂缝识别模型，在测试的 25 张样本中，识别准确率超过 98%，如图 3-33 所示[101]。

2）拓扑结构优化技术

拓扑优化（Topology Optimization）技术是一种在给定荷载约束的条件下，寻求材料在设计区域内的最佳分布形式，获得相应结构轻量化或某些性能最优的设计方法。近年来，越来越多的专家学者将机器学习与拓扑优化框架结合，以提高拓扑优化的计算效率及实现实时拓扑优化。

机器学习（Machine Learning）是人工智能技术的一个分支，涉及开发算法和模型，使计算机能够从数据中学习并自主改进性能，而无需明确的编程。机器学习系统通过对大量数据进行训练，识别模式和规律，并且可以做出对未来未见过数据的预测或决策。深度学习是一种机器学习的子领域，是通过多层次的神经网络学习高层次的抽象特征，这使得它在处理大规模和复杂数据上表现出色，其在图像识别的显著优势在结构拓扑优化中展现，决策的效率和准确性大幅提高。

通过机器学习模型可以实现结构模型优化。有研究团队采用数据驱动的方法对结构拓扑优化问题进行探索，利用已知的优化结果作为输入数据，通过主成分分析

（PCA）和前馈神经网络预测新的设计约束下的最优拓扑结构。他们采用可移动变形组件法将拓扑优化数值计算框架与机器学习相结合，生成训练集，并采用支持向量回归（SVR）以及 K 最近邻算法（KNN），以建立描述优化结构布局/拓扑的设计参数与外部载荷之间的映射关系。利用 KNN 机器学习给出初步拓扑构型预测新加载配置下的最优拓扑结构，并将这些预测用作传统拓扑优化程序的有效初始条件，显著提高了算法的收敛速度。将预测结果作为迭代优化的初始布局进行后续优化，从而获得最终的拓扑构型，如图 3-34 所示。

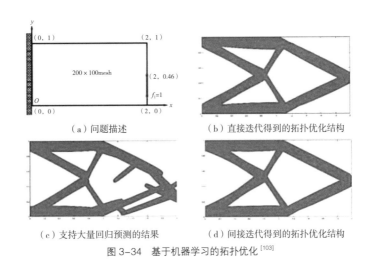

（a）问题描述　　　　　　　　　（b）直接迭代得到的拓扑优化结构

（c）支持大量回归预测的结果　　　（d）间接迭代得到的拓扑优化结构

图 3-34　基于机器学习的拓扑优化[103]

这种方法能够在不同的问题设置中成功预测最优拓扑结构，不仅提高了拓扑优化的效率，还减少了计算成本。未来，这种数据驱动的拓扑优化方法有望应用于更复杂的三维问题，进一步推动设计自动化和智能化的发展。该研究突破了传统拓扑优化技术的限制，提供了一种快速响应设计变化的有效工具。通过结合先进的数据分析技术和机器学习方法，该团队不仅优化了设计流程，还为解决复杂工程问题提供了新的视角和方法。

KNN 机器学习模型的基本思想是利用数据点周围最近的 K 个邻居的信息，来对新数据点进行分类或预测，其特点在于：

（1）简单直观和易于理解的特征适用于各类数据的训练；

（2）非参数性表达方式可以适用于各种形状和类型的数据；

（3）在小型数据集和较少特征数的情况下表现良好。

通过机器学习模型可以实现结构模型预测。主成分分析（Principal Component

Analysis）与神经网络相结合进行拓扑结构优化研究，以一组最优拓扑构型为初始数据，进行主成分分析并将其投影到低维空间，再利用神经网络进行拓扑构型训练，从而实现拓扑结构的预测功能，如图 3-35 所示；基于深度学习的生成式拓扑结构优化模型 TopologyGAN，可以实现在未知边界条件情况下，比传统 CGAN 框架在均方误差上降低 3 倍，在绝对误差上降低 2.5 倍，大幅提高了拓扑结构的预测精度[125]。

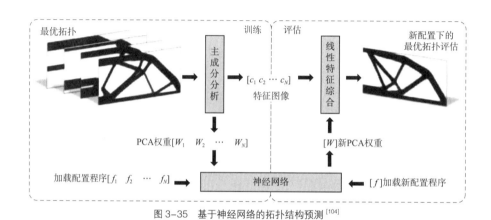

图 3-35　基于神经网络的拓扑结构预测[104]

习题：

1. BIM5D 是在结合建筑信息模型（　　　）的（　　　）的基础上，加入（　　　）和（　　　）数据，是在建筑信息模型（　　　）技术基础上的进一步发展。

2. RFID 技术在智慧建造中的具体应用有哪些？

3. 增材制造技术如何在当下的建造过程中开展应用？

思考题：

请查阅资料后举例分析说明人工智能技术如何影响智慧建造？

3.4　建筑智慧建造工具

建筑智慧建造依托多种技术顺利实施，相应的工具平台支撑着技术的落地与实践。随着建筑智慧建造在更多项目的实践开发，集成了多种技术的智慧建造工具，被证明可有效提升建造过程的安全性、便捷性与可持续性。本节从智慧工地管理工具、数字建造软件、数字建造平台和 VR/AR 智慧建造工具等方面，介绍通过工具实现建筑智慧建造过程中的具体应用场景、使用方式与应用价值，展现相关工具的特点，揭示其在建造过程中的具体作用。

3.4.1　智慧工地管理工具

1）建设工程项目物资集约化管控平台

建设工程项目的物资管理因具有规模大、种类繁杂等特点，为合理有效地管控物资，需采用新型管理模式。在分析建设工程项目物资集约化管控影响因素和研究智慧建造视角下的物资管控框架的基础上，通过分析 BIM 技术在物资集约化管控的应用效果，基于 Revit 平台开发建设工程项目物资集约化管控平台，并进行模块功能实现及展示，进而分析平台的使用价值，如图 3-36 所示。该平台以 BIM 技术为桥梁，将物资信息集成应用，提高物资管控效率，提升建筑企业的经济效益。

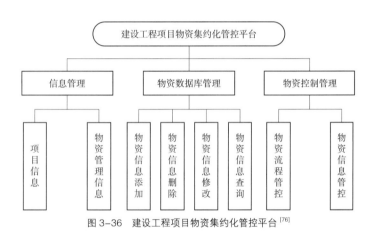

图 3-36　建设工程项目物资集约化管控平台 [76]

建设工程项目物资集约化管控平台的设计包含了信息管理、物资数据库管理和物资控制管理三大主模块的内容。①信息管理用于建设工程项目信息和物资管理信息的录入；②物资数据库管理用于建设工程项目物资基本信息添加、删除、修改、查询等功能；③物资控制管理分为物资流程管控和物资信息管控，物资流程管控用于建设工程项目物资管控关键流程，物资信息管控用于物资价格管控、供应商管控、物资现场管控和库存管控，以提高物资部门管人员工作效率，实现对物资管控的全过程管理。

物资控制管理模块由两部分组成，一是物资流程管控，二是物资信息管控。物资流程管控模块旨在识别关键流程，提高物资管理效率。点击物资流程管控按钮，弹出对话框，其界面由物资计划管控、物资采购管控、物资供应与运输管控、物资现场管控、物资仓储管控和废旧物资回收和处理管控等六部分组成，点击每个部分，可查看每一关键流程的管控流程。

2）基于 FMEA 的 HSE 监控管理平台

HSE（Health,Safety and Environment）监控管理是一种旨在确保工作场所健康、安全和环境合规性的管理方法。它涵盖了一系列监控和管理活动，以减少潜在的健康和安全风险，同时确保企业的环保责任得到履行。首先，对建筑施工 HSE 风险分析的几种方法进行简单的介绍，同时阐述了使用失效模式与事故分析（Failure Mode and Effects Analysis，FMEA）法对建筑施工风险预警的适用性和优越性。其次，依据相关法规、标准、预警分析方法构建了建筑施工 HSE 的风险指标体系及风险评价集，并确定熵权法与三角模糊的具体计算公式。最后，该方法明确了基于 FMEA 的建筑施工 HSE 监控风险预警流程，如图 3-37 所示。

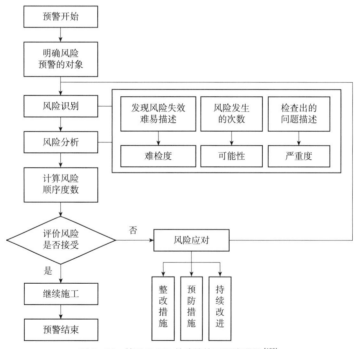

图 3-37　基于 FMEA 的建筑施工风险预警 [105]

FMEA 是一种定性的风险分析方法，主要优点是能从难检度、可能性、严重度三个维度对风险进行评价，充分考虑到施工现场风险在施工巡检的难度，通过分析风险的失效原因和失效后果能更好地事前控制，在大型建设项目上也能做到对风险进行全面的考虑，作为定性的分析方法能够充分地利用管理者的经验知识。缺点是对风险评价以主观评价为主，需要有丰富经验的管理人员，同时对三个维度进行评价容易导致各维度的评价标准存在差异。

风险预警监测是建筑施工过程中 HSE 管理智慧性体现的重要环节，同时也是整个风险预警流程的重要基础。通过已有的监测设备，将建筑施工过程中的人员、机械设备、施工环境以及管理活动进行记录，同时进行归档和数据的基本处理，以实现保障施工现场人员的生命健康安全，保护项目所在地的生态环境和居民生活环境。

通过施工前提前布置好无人机和视频监控技术、无线传感器技术、RFID 技术、GIS 技术等智慧建造技术相关的仪器设备，实现施工过程对 HSE 监控对象的定量数据和定性数据的收集，将定性数据进行筛选量化、标准化处理，最终实现数据有效的存储。

3）基于 IoT 技术的智慧工地互联平台

结合物联网技术打造"互联网 + 智慧工地"的智慧工地云平台，集业主方、设计方、承包方、施工方为一体，可应用于服务、管理、组织等方面。作为项目施工智能调度和实时监管的数据中心，能够将项目中"人、机、料、法、环"五大要素有机整合，通过工地现场作业环境数字孪生、作业过程可视对讲、作业数据实时统计和作业效率动态提升，实现项目的精益化建造、智能化管理。

①从项目管理的角度，通过管理者与平台间的连接、互动，实现工地现场工期、人员、安全、环境全覆盖，可使项目进度提前 5%、成本降低 3%；②从人员管理的角度，采用实名制系统实现人员考勤、培训与生活一体化管理，点对点发放工资，减少劳务纠纷；③从设备管理的角度，通过施工升降机、塔机、吊钩等设备的行为监测、状态管理与维修保养提醒，确保施工现场中的设备安全、高效运作；④从安全管理的角度，建立 BIM5D 安全检查系统，并在工地现场设置移动巡更点，管理者可利用移动手机终端，查看重大危险源安全监管情况，杜绝各类安全隐患、保障施工现场的生命、财产安全；⑤从环境管理的角度，采用一系列绿色环保施工措施，施工用地集约化、平面布置精简化，多环节促使环境和谐、节能降耗，打造"四节一环保"的标准化工地，在生活区安置智能水表、电表，将每月统计数据自动上传至云端，通过限时、限额供电，有效杜绝水电浪费现象并对于异常能耗进行实时提醒。

3.4.2 数字建造软件

面对日益复杂的设计要求，数字建造软件的诞生使得建筑从策划和设计到施工和运营，以更高的效率、质量和可持续性解决问题，先进工具的介入使解决这些问题的方法变得丰富，并丰富建筑的呈现效果。

1）FURobot

FURobot 是同济大学袁烽教授团队设计的一款对接设计建造一体化环节的基于

Rhino 的插件，可以适应多类型的机器人并完成多种工艺的集成。该插件支持不同厂商、不同型号的机器人，且能自定义扩展、分享硬件库（包括机器人、外部轴与工具头库）。用户在自定义完成新的硬件库后，还可以通过扩展名为 .gha 的文件分享给其他 FURobot 的用户使用。此外，基于设计模型环境的机器人模拟、编程模块，FURobot 能够实现在设计环境内的机器人编程，帮助用户实现数字建造的快速部署，简化操作逻辑的同时，也促使原型构件的生产与小规模试制流程的便捷化操作与执行。

作为一个基于 Grasshopper 的节点式编程软件，FURobot 继承了 Grasshopper 的参数化控制模式，各项控制参数都是以节点输入和输出的形式来进行传递，而非传统的对话框输入模式，其操作界面如图 3-38 所示。

FURobot 的内部运行流程也是软件的运行逻辑，从获得最终 TCP 到模拟与生成离线程序，再到检测，通过自定义硬件、实时通信和路径平面优化的方式，完成对建造过程的设计、模拟与优化的过程，促进设计建造一体化流程的工作效率，如图 3-39 所示。

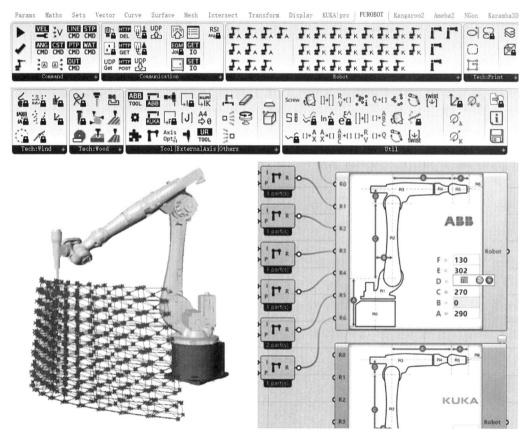

图 3-38　FURobot 操作界面 [106]

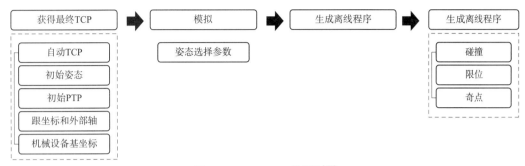

图 3-39　FURobot 工作流程 [107]

2）KUKAIprc

KUKAIprc（Parametric Robot Control）是一个用于多种不同类型的 KUKA 工业机器人的插件，它是 Rhino 和 Grasshopper 建模软件的一部分。Rhino 是一个 3D 建模工具，而 Grasshopper 是一种视觉编程语言，允许用户创建参数化的、基于图形的设计，如图 3-40 所示。

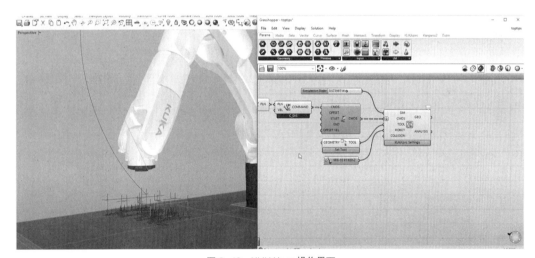

图 3-40　KUKAIprc 操作界面

KUKAIprc 的主要目标是将这两个工具与 KUKA 机器人集成，以实现机器人运动控制和路径生成的参数化设计。在操作界面中，用户可以通过 Rhino 和 Grasshopper 中的参数化编辑器创建机器人的运动路径和运动方式，根据特定的设计参数自动生成机器人运动，将设计后的机器人运动轨迹，转换为机器人可执行的代码，从而实现对机器人运动方式的控制，如图 3-41 所示。插件还提供了机器人运动的仿真功能，用户可以在计算机上模拟机器人的运动，以验证路径和动作是否正确。

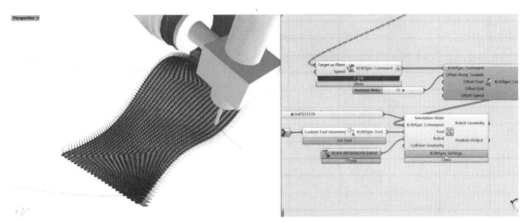

图 3-41   KUKAlprc 创建与编辑加工逻辑 [102]

插件还实现了在线和离线编程的功能，用户可以使用 KUKAlprc 来在线或离线编程 KUKA 机器人，从而实现更灵活的工作流程。

3）SpurtCAM

SpurtCAM（SPURT CNC CAM Software）是一款用于计算机数控（CNC）机床编程的软件。它被设计用于创建 CNC 机床的加工路径和运动控制代码，以便将设计文件转化为实际的物理部件。

SpurtCAM 作为市面较为成熟的商业化软件，无需借助其他任何 CAM 软件平台，就能胜任各种复杂的机器人应用场景，如雕刻、切割、3D 打印、喷涂、锯切或焊接等，如图 3-42 所示。

SpurtCAM 的工作流程通常包括以下步骤，如图 3-43 所示，用于将设计文件转化为 CNC 机床的控制代码并进行加工：首先在设计文件中创建或导入需要加工的 3D 模型或 2D 轮廓；然后确定加工区域和加工方向，选择合适的刀具类型和尺寸，以及切削速度和进给速度等切削参数，指定切削策略，如粗加工、精加工、轮廓加工等；最后，通过模拟和预览功能来查看生成的工具路径，帮助验证加工过程，确保切削操作不会与工件干涉或发生错误。

完成工具路径规划后，SpurtCAM 将生成适用于 CNC 机床的控制代码，这些代码将根据 CNC 机床的类型和规格来生成，生成的代码包含有关刀具位置、速度、进给率和其他运动指令的信息。然后，将生成的代码文件通过 USB 驱动器、局域网络或其他数据传输方法传输到 CNC 机床的控制系统。

设置 CNC 机床过程，首先需要加载代码文件，然后对 CNC 机床的刀具校准、工件固定、安全设置等准备工作，再启动 CNC 机床，开始执行 G 代码中定义的工具路

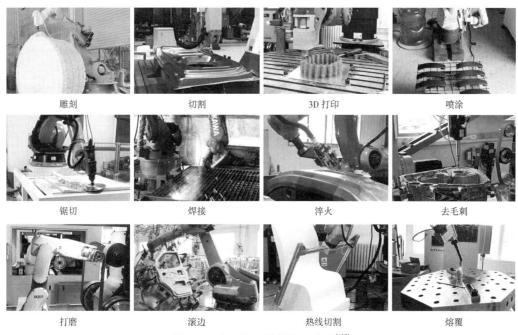

图 3-42　SpurtCAM 可实现加工方式[107]

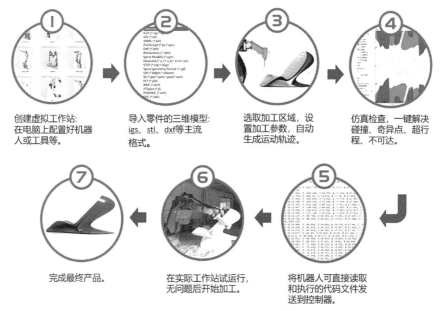

图 3-43　SpurtCAM 工作流程[107]

径和加工操作。此时，CNC 机床将按照指令自动控制刀具的移动，切削工件，以实现最终的加工结果。完成加工后，要检查最终零件或产品以确保其质量和精确性。

3.4.3 数字建造设备

建筑施工的无人化、少人化意味着在施工过程中采用自动化的施工设备和技术。智能装备和建筑机器人可自动执行建筑施工工作，可以按计算机程序或人类的指令工作，代替或协助人完成施工任务。在智慧建造体系中，建筑机器人主要用于控制指令的执行。

在预制工厂中，预制构件的生产环境较为简单，为智慧建造技术的应用提供了便利，智能装备和智能机器人已广泛应用于预制构件生产工厂等场景，实现了预制生产的自动化。然而在现场施工中，建筑机器人通常面临现场计量不完善、公差较大、工件不确定性较大等问题，这与制造机器人十分不同。与制造业的另外一点不同在于建筑业施工现场采用产品不动、设备移动的生产方式，而施工现场较为恶劣的环境为智能设备和建筑机器人的移动制造了困难。对于传统的施工过程，建筑机器人的研发需要理解施工步骤背后的物理原理，且不同工序之间施工环境、施工方法、质量要求等存在很大差异，一般需要针对不同的施工过程而研发专用的机器人。

对现有的施工机械进行智能化改造是实现建造环境智慧化的途径之一。目前已有对推土机、挖掘机、装载机、压路机等设备进行智能化改造，增加自动控制模块，结合 BIM、物联网、人工智能等技术，实现机械的自动控制，工人无需操作或仅进行简单的操作即可完成相应的施工过程。例如，公路工程中使用的路面无人智能化集群施工技术，使用智能化的摊铺机、压路机等协同进行路面铺设；盾构施工中可实现混凝土自动布料、浇筑情况监控、自动化振捣等功能的智能化衬砌台车；在铁路工程中使用的智能化整 平机、智能化铺轨机等。

已有部分施工工序通过开发专用设备的方式实现机器自动或人机协作的施工方式。在工地测量和测设中，自动化的测量机器人已经较为成熟，可依据移动设备的指令或 BIM 模型，自动指向放样方位或追踪并指导棱镜移动直至到达放样点，其已用于地下管线、高层建筑、钢结构工程、水电工程等的放样定位工作。在隧道工程中，盾构施工也向着自动化智能化方向发展，如换刀工序中换刀机器人的使用实现了全自动换刀，完全代替人工换刀，避免了盾构换刀过程中工人的安全风险。

1）砖构机器人

在建筑施工中，砌砖工序占据较大的工作量，其施工效率与质量很大程度上决定着总体工程工期与质量。传统砌砖工序多为人工操作，施工质量参差不齐。为了改善传统砌砖工序，已有部分国家率先研发自动化砌砖机器人，技术处于领先水平，常见砖构机器人性能如表3-2所示。

砖构机器人基本性能　　　　　　　　　　　表 3-2

产品名称	结构构成	性能	功能特点
SAM100	传送带、机械臂喷嘴、轨道系统等	效率较人工提高 3~5 倍	多传感器调节，有限的工作范围，依赖人工操作
Hadrian X	货车底座、28m 伸缩机械臂、夹取装置、传送装置	效率为 1000 块 / 小时，精度为 0.5mm	工作范围广，基于模型自主建造，需特制砖块胶粘剂
MULE	可转动关节、杯取装置	效率较人工提高 2 倍	提升及定位砖块适用范围广，依赖人工操作

　　美国 Construction Robotics 公司研发的轨道式 SAM100 机器人，由机械臂、传递系统及位置反馈系统组成，效率较人工提高了 3~5 倍，是中国砌砖机器人参考研发的主要原型；澳大利亚 Fastbrick Robotics 研发的 Harian X 机器人配备了 28m 的伸缩机械臂，能基于 3D 模型自主建造单栋建筑物的墙体，施工效率和精度分别达到 1000 块 /h 和 0.5mm；美国 Construction Robotics 公司研发的 MULE 砌砖机器人通过提升夹取机构和精密定位装置协助工人进行砌砖操作，较人工效率提升了 2 倍。以上商用产品充分证明了砌砖机器人的优势，但仍存在一些问题，如需依赖人工操作和使用非传统建材等。常用砖构机器人实物如图 3-44 所示。

（a）SAM100　　　　　　　　　　（b）Hadrian X　　　　　　　　　（c）MULE

图 3-44　砖构机器人[108]

2）木构机器人

　　机器人木构预制建造平台为装配式木构建筑的生产提供了一个高度开放的工艺平台，通过工具端的灵活配置、感知系统的信息采集与反馈，可满足不断更新的建造任务对多样化的机器人建造工艺的需求。同济大学大尺度机器人木构预制建造平台整合了桁架运动轴与双机器人系统，通过集成多功能、即插即用的机器人木构建造工具，为多样化的机器人木构建造研究与实践提供一个基础架构。

同济大学机器人木构预制建造平台采用三轴桁架式构型，桁架的垂直轴末端以倒挂的方式搭载两台 KUKAKR120 R1800 型号机器人。两台机器人及其外部轴通过 KUKA Robo Team 软件进行协同控制，形成具有多自由度的双臂机器人系统，可根据需要独立或协同运行。机器人平台的加工范围最大可达 12m×11m×6m，能够满足大尺度木构件、木屋模块，甚至整屋的加工需求。机器人末端配备了工具快换装置，集成了工具系统所需的电、气和信号等模块，便于工具系统的灵活配置和扩展，如图 3-45 所示。

（a）带锯切割　　　　　　　　　（b）链锯切割　　　　　　　　（c）抓手／钉枪系统

图 3-45　木构机器人配置不同工具头完成工作

机器人预制建造平台配备了典型的木构加工工具，形成以主轴、链锯、带锯、抓手／钉枪为核心的工具体系。其中，机器人主轴铣削模块包括一款转速可以达到 24000rpm 的快速换刀电主轴，配备了常用的木工刀具，包括不同规格的直刀、燕尾刀、舍弃式螺旋刀，以及用于切割的圆锯片等，主要用于木构件及其节点的快速减材加工。机器人链锯切割模块主要用于木材快速开槽，开槽深度可达 40cm。机器人带锯切割模块用于曲梁切割，可以切割截面尺寸在 35cm×30cm 内的构件。抓手与钉枪系统主要用于木构件的自动化组装，夹持宽可达 20cm，可以满足常规轻型木结构组装需求。工具集中放置在固定的工具架上，通过快换式工具法兰与机器人进行连接，形成即插即用的工具体系。

同济大学机器人预制建造平台配备了红外动作捕捉系统作为核心传感器，系统包括 12 台红外相机，均匀分布在机器人工作空间的四周。相机以 200Hz 的频率记录空间中标记小球的位置信息，并将信息汇集到交换机。在计算机端，运动分析软件 Nokov Seeker 可以从交换机获取数据并执行数据处理、系统标定、刚体定义等任务。利用 Seeker 软件提供的软件开发工具包（SDK），动作捕捉数据可以通过定制化的数据接口实时导入 Grasshopper，在 Grasshopper 中实时获取标记点或刚体的位置信息并进行可视化。由于空间反射标记的成本低，且可以任意添加或组合，因而动作捕捉系统能够应用于多样化的场景。

3）3D 混凝土打印机器人

3D 建筑打印属于新型的数字建造技术，在建造过程中不需要复杂的模板系统，直接依据建筑三维模型驱动打印机器人建造出相应的建筑构件，这种技术具有速度快、成本低和节省劳动力等优势。

由于混凝土材料的广泛使用，3D 混凝土打印成为研究热度极高的 3D 建筑打印技术，也取得了突破性的研究进展，其研究领域包括机械结构领域、材料领域和工艺领域等，其中，3D 混凝土打印机器人的结构设计与打印质量息息相关，是实现打印功能的重要载体。

2004 年，Khoshnevis 设计了一款包含大型三维挤出装置（类似龙门吊车）和抹刀喷嘴组合机构的"轮廓工艺"打印机器人，打印机构悬挂在建筑物上方，通过轨道装置和伸缩臂控制喷嘴的移动，实现精确的打印定位，该款机器人的工作效率达到 $12m^2/h$，材料使用量减少了 25%~30%，工人数量降低了 45%~55%。为了进一步提升打印机器人的灵活性，Bosscher 等提出了一款带缆索系统的"轮廓工艺"打印机器人，通过缆索控制喷嘴的移动，并用轻质的刚性框架取代笨重的龙门框架，让现场打印施工更加简便、实用。以上打印机器人都是基于框架结构，机器人打印范围受限，只适用于小区域建筑的打印。上述混凝土打印机器人如图 3-46 所示。

基于多机协作的移动式 Minibuilders 系统的研发能实现整栋建筑物的建造。该系统包含 3 款机器人，它们吸附在建筑物上，根据控制器下发的指令分别完成地基、墙体和墙体平整任务，从而实现多尺度建筑物的打印。该打印系统在巴塞罗那设计博物馆的外部展览空间实现了 1.5m 高的原型结构的打印，如图 3-47 所示。但此系统控制

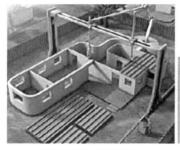　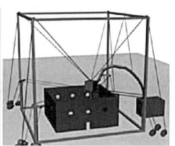

（a）轮廓工艺打印机器人　　　　　（b）缆索系统打印机器人

图 3-46　混凝土打印机器人 [111]

复杂、成本高且精度难以保证，仍有较大的优化空间。此外，材料领域的研究主要为材料的成分优化，如引入纤维增强混凝土、磷酸盐水泥和纳米黏土水泥等材料，以增强打印材料的密度和强度。为了提高打印的质量和效率，研究者也在工艺领域做了一定的研究，包含打印路径的优化、打印构件的精细化等。经过近20年的发展，3D混凝土打印机器人已经逐渐走向产业化应用，如迪拜办公楼、美国星级酒店和荷兰混凝土桥梁等建筑的建造，未来将继续朝着轻量化、智能化和低成本方向发展。

（a）基座机器人

（b）夹具机器人

（c）真空吸尘机器人

图3-47   Minibuilders打印机器人制作的原型结构单体

2021年，清华大学建筑学院徐卫国团队在深圳宝安区实现了世界最大规模的3D打印城市公园的建设尝试，如图3-48所示。公园的用地面积5523.3m^2，建设过程中使用了4套机器人打印设备，从设计到建成用时近3个月。团队采用区别于一般同层同高叠层打印的三维打印路径，可以更好地表现曲面造型。在现场原位打印时，有四组设备协同工作，它们需要对周边坐标和彼此之间的相对位置进行校准，以确保和环境现状的准确匹配。由工艺流程串联的一整套打印系统包含打印材料运输、材料搅拌、材料泵送、机械臂运动系统、打印前端系统等，均按照自动化和智能化要求设计和调试，以最大程度减少人力，如图3-49所示[80]。

图3-48   混凝土3D打印机器人协同作业[80]

3.4.4 VR/AR 智慧建造工具

1）基于 Unity+BIM 的虚拟建造平台

Unity 是一款广泛用于游戏开发和交互式应用程序开发的跨平台游戏引擎和开发环境。它具有强大的工具和功能，使开发者能够创建各种类型的应用程序，包括视频游戏、虚拟现实（VR）和增强现实（AR）应用、模拟器、培训工具、

图 3-49 混凝土 3D 打印机器人预制打印 [80]

交互式可视化等。Unity 虚拟现实引擎可以实现设计并开发了艰险山区悬索桥虚拟建造平台，该平台的实现采用三层架构体系，即数据接入层、人机交互层和功能应用层，如图 3-50 所示。

艰险山区悬索桥虚拟建造平台设定工程概况、漫游体验、构件交互查询、进度模拟、环境仿真、桥梁施工仿真等七大模块，其中环境仿真模块是针对山区峡谷环境下复杂多变的风场而设置的，桥梁施工仿真模块细分为应力仿真与位移仿真，其界面如图 3-51 所示。

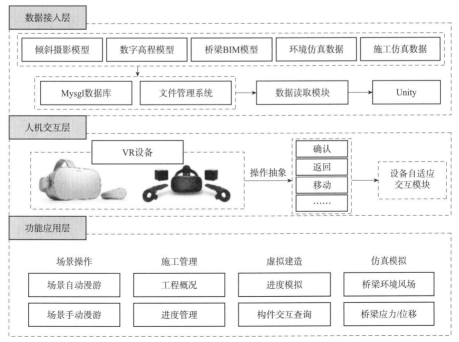

图 3-50 虚拟建造平台技术架构 [113]

图 3-51　虚拟建造平台操作界面 [113]

虚拟环境中的人机交互通过对 VR 设备实现自由移动，可以模拟对象在特定场景中的随意移动，实现了场景任意位置的浏览，具有很强的交互性和自主性。定点浏览功能是以特定视角观察虚拟场景，根据场景特征提前设定桥下、桥左侧较远处、桥左侧较近处等不同位置的视点，减少了用户不必要的操作，具有较高的简便性和沉浸感。

平台基于桩基、桥塔塔柱、主缆、主梁等桥梁构件组成的 BIM 模型，利用纹理映射技术添加高精度的大桥构件纹理贴图，丰富大桥表面纹理细节，取得了大桥虚拟场景高度真实感效果。模块设置了四个不同位置的观测点，实现用户对大桥全方位观测的需求。

2）基于 Fologram 和 HoloLens 的增强现实虚拟建造平台

Fologram 是一款针对 Rhino 软件的插件，它用于增强三维建模和设计过程，特别是在虚拟现实和增强现实环境中的应用。该插件旨在将数字设计从计算机屏幕转移到虚拟和增强现实环境中。它提供了一种与设计模型进行实时互动的方式，使用户能够在三维空间中直观地编辑、浏览和评审设计。

HoloLens 是由微软开发的一款混合现实头戴式设备，它允许用户将虚拟世界与真实世界融合在一起，使用混合现实技术，将计算机生成的虚拟对象叠加到用户的真实视野中，同时保留对真实世界的感知，创造出令人印象深刻的增强现实体验。这使用户能够与虚拟对象进行互动，并在现实环境中看到虚拟信息。

2018 年，同济大学建造工作营还用 AR 技术辅助了柱子的现场装配建造。通过 Rhino 插件 Fologram 将柱子模型与 AR 设备 HoloLens 进行连接，在 HoloLens 辅助下装配人员可以将柱子虚拟模型叠加到现实场景，模型信息的叠加使装配过程中人的认知与信息检索过程有效结合，AR 技术为装配人员提供大量的有用信息，包括形状引导信息、图片信息、文字信息等，如图 3-52 所示。机器人 3D 打印面板通过塑料扎带进行连接，装配人员通过 HoloLens 可以快速理解面板的装配要点，保证装配过程依照合理的顺序推进；同时，HoloLens 下的面板空间定位可以辅助装配人员实现装配的精确性并提高装配的速度，在装配过程中，真实的人工产品叠加虚拟，全息图在三维空间中协助了支撑面板的准确定位，最终在不到 3 小时的时间内完成了柱子组装，保证了构件在空间中的装配精确性。AR 技术用于装配的应用不仅可以传递成果这类静态信息，还可以演示、显示任务规划信息、建造方法等动态信息[138]。

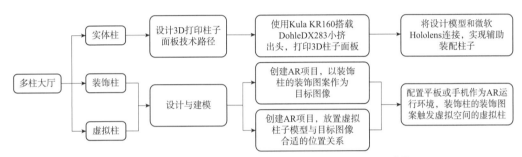

图 3-52　基于 Fologram 和 HoloLens 的增强现实虚拟建造平台[114]

使用者通过使用 HoloLens 和 Fologram 的平台实现增强现实技术在建造现场的应用，实现了人机协同的小尺度建造和柱子装配，机器人建造中充分发挥人的创造性和图案识别能力，如图 3-53 所示。使用者精确定位火蜥蜴柱的构件，不仅保证了构件的精确性，而且保证了较快的进度和较低的误差，充分证明了将增强现实技术带入现场建造的可能性。

图 3-53　基于 Fologram 和 HoloLens 的现场搭建过程[114]

习题：

1. 建设工程项目物资集约化管控平台的设计包含了（　　　）、（　　　）和（　　　）三大主模块的内容。

2. 请举例说明数字建造软件如何实现数字建造过程？

3. 请举例说明 3D 打印机器人在建造中展现的优势？

思考题：

请通过查阅资料讨论未来 VR/AR 技术如何应用于建筑工程的建造环节中？

3.5　本章小结

本章主要介绍了智慧建筑在建造阶段的相关理论、建造方法、技术应用、建造工具，从建造过程的角度，阐述智慧建造实现的过程与方式，进而归纳出建筑智慧建造不同于传统设计方法的不同之处。以平台层、感应层、外联层和基础设施层等功能层展开论述，对智慧建造体系的系统设计方法进行剖析，对这些功能层在具体建造环节中开展应用的方法和涉及的工具具体说明。强调为什么要智慧建造、实现智慧建造的理论依据、如何智慧建造和智慧建造的特点。

第 4 章
建筑智慧运维

建筑智慧运维是在第四次工业革命和数字化转型的背景下崛起的一种新型运维模式。随着云计算、大数据、人工智能（AI）和物联网（IoT）等先进技术的发展，建筑行业正处于一个深度融合多学科和综合多技术创新发展的重要时期。智慧运维将建筑运行管理带入一个新的层次，其通过 BIM、云计算、大数据、智能控制等技术的综合应用，实现设施及使用者数据实时采集、信息动态集成、建筑系统综合优化决策与一体化智能控制，不仅可提高建筑的安全性与可靠性、实现资源的最佳配置，还可为使用者提供健康舒适环境与个性化便利服务，满足绿色、智慧、宜居、韧性多导向的需求。智慧运维与智慧设计、智慧建造协同推动了整个建筑产业链智慧升级，助力建筑行业实现全面数字化、信息化转型。

4.1　建筑智慧运维的相关理论

本节首先介绍建筑运维及其发展历程，解析建筑运维模式在需求与技术驱动下的演变历程，并提出建筑智慧运维相较于早期建筑运维模式与理念的区别，解析建筑智慧运维的特征；本节立足控制论、人工智能系统论、环境心理学、耗散结构论、生态系统学和信息论等多学科视角，借助智能控制理论、人与建成环境交互理论和建筑能量系统理论等建筑智慧运维相关理论的阐释，建构建筑智慧运维的理论基础。

4.1.1　基本概念

本节建筑智慧运维相关概念主要包括以下四项：

1）建筑运维

建筑运维是为了确保建筑及其设施系统在其全生命周期中能够保持最优运行状态的一系列科学、系统的管理活动和服务。

2）建筑运维阶段

建筑运维阶段指建筑生命周期中的一个特定时期，是建筑物建成后的维护和管理阶段。在这个阶段，建筑的物理和功能性能需要持续监测和维护，以保证其为用户提供安全、舒适和高效的环境。该阶段持续至建筑报废，可能包括建筑物翻新、重建或拆除。运维阶段的目标是最大化建筑的价值，延长其使用寿命，并确保运营成本效益最大化。

3）建筑智慧运维

建筑智慧运维是综合应用 BIM、云计算、大数据、智能控制等技术，赋能传统建筑设施，实现物联网化统一管理的先进运维模式。

4）建筑运维的四个基本目标

（1）安全与防灾：建筑安全是一种状态，即通过持续的危险识别和风险管理过程，将人员伤害或财产损失的风险降低并保持在可接受的范围内。防灾是指在灾害发生前一切有助于防止灾害发生和减少灾害损失的工作和活动。

（2）资源节约与利用：建筑资源节约与利用是指在建筑运维阶段通过对资源的合理配置、高效循环利用、有效保护和替代，实现以最少的资源消耗获得最大的经济和社会收益，主要包括能源节约、材料利用与空间优化。

（3）健康与舒适：建筑健康与舒适是在符合建筑基本要求的基础上，突出健康要素，以人类居住健康的可持续发展的理念，满足居住者生理、心理和社会多层次的需求，为居住者营造一处健康、舒适和环保的高品质住宅和社区。

（4）服务与便利：建筑运维阶段，服务与便利是指在一定的空间和时间内为建筑使用者提供物质需求、精神需求等方面的满足，从而提高使用者工作或生活的便捷性。

4.1.2　建筑智慧运维发展历程

建筑运维涉及对建筑物的日常管理和长期规划，包括但不限于能源配置优化、环境质量监控、设备维护与更新、安全风险管理和应急响应。建筑运维作为建筑全生命周期中持续时间最长、投入资源最多的阶段，在建筑领域处于重要地位。近年来，建筑运维经历了显著的变革，主要受到两大驱动力的影响：一是公众对健康与舒适度日益增长的需求；二是全球节能减碳的迫切性。这些因素不但推动了运维技术的革新，也促使管理模式和理念发生深刻的变化。

在概念上，建筑运维是设施管理的一个组成部分，在设施管理的基础上加以针对性研究。设施管理（FM）是一种综合性管理方式，旨在通过协调物理工作场所、人员和支持性服务，以最具效益的方式来支持组织目标的实现。它涵盖了一系列旨在提高工作环境效率和有效性的职能和活动。

在设施管理中，服务可以分为"硬"设施服务和"软"设施服务两大类。硬设施服务主要涉及建筑物的实体维护和管理，包括建筑规划、施工、设计、搬迁，以及管理基础建筑系统、房地产和租赁关系，还包括对建筑物内外进行维护和进行资本改进等活动。相比之下，软设施服务更关注于提高占用建筑空间的人们的生活质量，包括安全、空间规划、清洁和卫生、场地维护、环境、健康与安全问题的应对以及废物管理等方面。

设施管理行业的发展历史可以追溯到 1979 年，当时美国密歇根州成立了最早的设施管理行业协会——安·阿波设施管理协会。此后，1980 年美国国家设施管理协会和 1989 年国际设施管理协会相继成立。经过数十年的发展，国外在设施管理领域已经取得了成熟的发展，学术研究亦颇为深入。例如，1990 年首届欧洲设施管理协会的参与者倡导进行更多细致的案例研究以界定有效的实践活动。1996 年，英国设施管理中心的总负责人亚历山大详细介绍了设施管理的相关理论和所需技能，并具体阐述了包括风险管理、环境管理、建筑运维管理以及信息管理在内的设施管理内容。2007 年4 月，在澳大利亚皇家建筑师学会（RAIA）的墨尔本会议上，一项采用 BIM 进行设施管理的研究被公布，该研究强调了数字化设计文件在操作和维护中的显著效益，并指出了 BIM 作为集成各种设施管理数据库框架的潜力，且以悉尼歌剧院为例证明了 BIM 在设施管理中的成功应用。

2000 年香港设施管理学会成立，2004 年 8 月，国际设施管理协会（IFMA）在北京举办的"医院设施管理研讨会"上颁发了我国内地的首张会员资格证书，标志着设施管理在我国内地的正式落地。我国设施管理的研究从起步到现在，才发展了短短十几年，并且国内学者对这方面的研究也相对较少。国内外设施管理发展历程如图 4-1 所示。

在运维管理理念引进的这些年中，建筑运维模式发生了巨大的变化，其经历了人

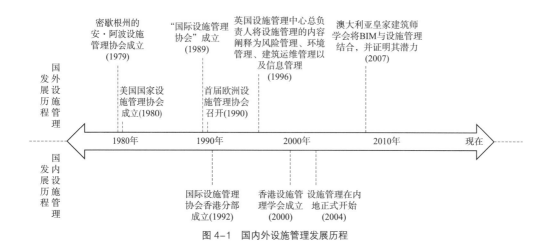

图 4-1　国内外设施管理发展历程

工中心阶段、数据引领阶段与算法驱动阶段三个发展阶段。

1）人工中心阶段

在初期阶段，建筑运维主要依赖于经验主义，即基于运维人员的经验和直观判断，进行管理和维护。这一阶段大多数使用基础工具和简单设备——如手动测试仪器和基础维修工具，去检查和维护建筑设施。尽管这种方式能在一定程度上满足基本的功能性和安全需求，但由于缺乏系统化的数据分析支持，它在优化能源效率、人员健康和舒适度等多维度目标实现方面显得较为有限。

2）数据引领阶段

随着信息技术和物联网的快速发展，建筑运维逐渐转向数据驱动的模式，通过持续收集和分析运行数据，提供更准确和实时的运维决策。这一阶段开始应用传感器、监控设备和自动控制系统。然而，该数据驱动模式往往还是以设备和系统为中心，尽管能更加精确地响应设备和系统的需求，但它往往缺少对实际应用场景和终端用户需求的深入理解和满足。

3）算法驱动阶段

在人工智能、数据采集和大数据分析技术的推动下，建筑运维进一步发展为以数据为基础、以场景为导向、以算法为支撑的智慧运维模式。在这一模式下，运维更加注重对特定应用场景（如办公、教学、医疗等）和用户需求（如健康、舒适度、节能等）的满足。通过使用复杂的算法和机器学习模型，对大量的运行数据进行深度分析和学习，进而能够进行更为精细和个性化的服务。此外，通过集成多源数据和高度自动化的管理系统，智慧运维更加注重用户体验、能效优化和长期可持续发展。

从经验主义到数据驱动，再到算法驱动，建筑运维模式的发展反映了技术进步和社会需求变化的双重影响。当前，以数据为基础、以场景为导向、以算法为支撑的智慧运维模式正逐渐成为主流，其不仅在预测、响应、诊断和解决问题方面显著提高了效率，而且通过智慧化管理进一步提升了节能减碳效果，降低了建筑运营成本。这种转变不仅是技术层面的突破，更是对运维理念和方法论的全面升级，旨在更有效地满足人们对健康和舒适的需求，并符合全球节能减碳的长期目标。

4.1.3　智能控制理论

控制理论（Control Theory）是研究机器和工程过程中连续运行的动态系统控制的理论。该理论的核心目标是开发能够最优化地控制这些系统的控制模型，以避免延迟或超调现象，并确保控制过程的稳定性。这一理论为建筑系统等复杂工程的稳定控制提供了理论基础和技术支持。其从形成到发展至今，主要经历了经典控制理论阶段、现代控制理论阶段和智能控制理论阶段三个阶段。

1）经典控制理论阶段

经典控制理论阶段起始于 1940 年代。这一阶段的控制理论以调节原理为标志。其核心是使用传递函数作为数学工具，基于频率响应法和根轨迹法，主要针对单输入单输出常系数线性微分方程描述的系统进行分析与设计。然而，这种经典控制理论在处理多输入多输出系统，尤其是非线性时变系统时，表现出明显的局限性。

2）现代控制理论阶段

现代控制理论阶段是在 1960 年代初展开的，其在经典控制理论的基础上，引入了线性代数理论和状态空间分析法。现代控制理论的适用性更广泛，能够处理多变量定常或时变系统，所探讨的问题更为复杂和深入。

3）智能控制理论阶段

智能控制的理论发展始于 1980 年代，得益于信息技术和计算技术的飞速进步以及相关领域的深度整合，智能控制系统的进步逐渐成为主流。智能控制理论旨在描述和实现一种无需人为干预，能自主实现控制目标的自动控制系统。这一理论致力于解决被控对象、环境以及控制目标或任务的复杂性问题，其核心思想是借鉴人类的思维方式和问题解决技巧，以应对那些传统方法难以解决的复杂控制问题。

智能控制系统面临的主要挑战，包括被控对象的模型不确定性、系统的高度非线性、分布式的传感器和执行器网络、动态环境下的突变应对、多时间标度问题处理、复杂的信息处理模式、海量数据的分析及处理以及满足严格的性能指标等。这些挑战要求智能控制系统不仅具备高度的自适应能力，还需能够有效地处理和融合来自不同源的复杂信息，同时保持对控制目标控制的准确性和稳定性。因此，智能控制理论的发展不断推动着控制系统的升级，使其在应对复杂动态环境和任务时表现出更高的智能化和灵活性。

得益于信息技术和计算技术的快速进步，以及相关学科的整合，智能控制理论已经变成了智慧运维中不可缺少的理论支柱。相较于传统的分布式智能控制理论，智慧运维更多地依赖于基于人工智能计算的智能控制理论。基于人工智能计算的智能控制理论综合了控制论、人工智能系统论和信息论等多方面的研究成果，能够实现多层次、系统化、智能化的综合控制，主要包括专家系统控制理论、仿人智能控制理论和多智能体控制理论等。

（1）专家系统控制理论，即专家控制（Expert Control），是智能控制的关键分支，其通过在未知环境中模仿专家经验来实现系统控制。该理论整合了专家系统的理论技术和控制理论方法，通过知识库和推理机构构成的框架，进行有效的决策制定。在这种模式下，系统通过模拟具有丰富经验的控制工程师的决策逻辑，在不确定的环境中实现有效控制。专家控制系统通常由一个知识库和推理机构构成，负责收集和组织控制领域的知识，如先验经验、动态信息和目标等，并根据特定策略及时选择适当的规则进行推理，以控制实际对象。

专家控制的主要特点包括决策的可解释性以及可与人类专家协同的能力。该系统在提供决策时能够给出基于规则和逻辑的解释，这不仅提高了决策的透明度，还增加了系统的灵活性；同时专家控制强调与人类专家的协作，在系统的开发和维护过程中起到了关键作用。

与传统控制相比，专家控制在功能上进行了显著扩展，如能够实现复杂系统的高质量控制、故障诊断和容错控制，并能深入挖掘深层知识，弥补专家经验的不足，并自然解决决策冲突。在智慧运维领域，专家系统控制理论提供了一种自动化控制和问题解决的新途径。通过模仿人类专家的故障诊断逻辑，该系统能够更快速、更准确地识别运维中的问题，并实现考虑多个目标和因素的综合决策，从而提高运维的效率和准确性。

（2）仿人智能控制理论（Human-Simulated Control）是智能控制领域的一个重要分支，其核心理念在于将智能控制视为一种信息处理过程，即将控制问题的求解视作从"认知"到"判断"的定性推理过程以及从"判断"到"操作"的定量控制过程的二次映射。该理论的创新之处在于，基于对人体控制结构的宏观模拟，深入研究并模拟人类的"身体—动觉智能"，即人的控制行为功能。

仿人智能控制理论的特点主要包括人类行为模仿与自适应学习。该理论致力于模仿人类的思维方式、决策过程和行为模式，包括对人类如何感知环境、处理信息、做出决策的深入理解和模拟；同时，它能够从经验中学习，并根据环境变化自动调整行为模式。

在智慧运维领域中，仿人智能控制理论提供了一种独特的运维思路：它允许系统通过模拟人类的决策过程，自动地做出复杂的运维决策。同时，该理论也借鉴了人类学习和适应的能力，使得系统能够不断地从运行数据中学习和优化。这种方法不仅提高了运维效率，也增强了系统在应对多变环境和复杂任务时的适应性和灵活性。

（3）多智能体（Multi-Agent）控制理论是智能控制理论的重要分支之一，专注于复杂系统的研究。这一理论将系统中的每个单元视为一个独立的智能体，通过这些智能体的集体行为，最大化整个系统的集体收益。目前，多智能体控制理论已广泛应用于军事、城市规划、经济、工业、建筑、物流和供应链等领域。它为多自主体传感器网络、自组织动态智能网络、无线传感网络、城市物联网的发展提供了理论基础，有效地描述和解释了现实世界中的智能化应用系统。

该理论的主要特点包括分布式决策、局部信息交互以及协作与竞争。在多智能体控制理论中，每个智能体都能自主地做出决策，不依赖于一个中央控制点；而智能体通常只能访问局部信息或与邻近的智能体交换信息，这要求它们能够在有限的信息基础上做出有效的决策；此外，智能体之间的关系可以是协作的、共同完成任务，也可以是竞争的，如在资源有限的环境中争夺资源，因此可以对多种情况进行模拟。

在智慧建筑领域，多智能体控制理论可作为使用者行为模拟的指导理论。例如，有学者采用多智能体对居住建筑中使用者的行为进行模拟，构建了居民行为与需求的因果模型以及记录如房屋温度和外部天气条件环境的物理模拟器，通过所采集的数据与对使用者行为的进一步模拟，采取合适室内环境控制策略。该理论的应用能够实时优化建筑内部环境，以满足个人的舒适度需求，同时有效减少能源消耗。

多智能体控制理论的核心思想是通过分布式智能体的协作，实现复杂系统的高效管理和控制。该理论为建筑运维提供了一种新的视角，将建筑视为由众多相互独立但相互联系的智能体组成的系统。在运维过程中，这些智能体可以彼此协调，为不同系统的协同运作提供参考，增加了问题解决的可能性，并显著提高了效率。

4.1.4　人与建成环境交互理论

"交互"一词最初用于描述人与人之间的交往或人与特定物体之间的关系，涵盖了相互作用、相互影响和相互制约的含义。一些学者将建筑的广义交互定义为时间与空间、场所与人、人与人以及建筑物之间互动性的集合。作为建筑学研究的一个重要领域，对人与建成环境交互特征的关注始于建筑学的早期发展阶段，并持续至今。这一研究领域主要关注建筑如何影响人的行为、情感和心理状态，以及人如何通过其活动和互动来影响和改造建筑空间，其探索有助于更深刻地把握建筑与人类活动之间的复杂联系，有助于更好地依据使用者活动与需求进行建筑运维以调节建筑环境，为创造更具人性化、适应性和可持续性的建筑环境提供理论支撑。

人与建成环境交互研究的理论发展从 20 世纪初基于"二元论"的刺激—反应学说，到 21 世纪初融合了社会生态学、发展心理学等学科的"整体交互"（Transactionism）学说的转变，历经了简单二元交互阶段、主客观综合视角下的二元交互阶段与多元交互阶段三个阶段，对"交互"概念的解释趋向全面化和复合化。

1）简单二元交互阶段

在简单二元交互阶段，人与建成环境交互理论主要探究人与环境的客观相互作用关系，开启了基于行为调节建成环境的先河，该阶段代表理论为弗雷德里克·基斯勒的关联主义理论。

在 1840 年代，弗雷德里克·基斯勒在哥伦比亚建筑学院创立了"设计相关性实验室"，专注于探索动态身体习惯与建筑空间环境之间的互动性。基斯勒通过对"身体"概念的深入理解，构建了一种描述建筑与环境之间相互关系的理论，他将这种理论称为"关联主义"。在关联主义的理论框架下，基斯勒探讨了身体环境、技术环境和自然环境之间的相互作用和共同进化。

他的理论指出，生物通过个体的突变和自然适应来进行演化。与此同时，人类发展出了第三种环境——技术环境，其中技术的不断迭代和发展为人类提供了另一种维度的进化潜力。基斯勒定义的技术环境由人类开发的各种环境调控工具构成，这些工具范围覆盖从"衣服"到"庇护所"。

在基斯勒的理论中，技术化的建筑被视为一种调节自然环境和身体环境的容器。这种视角强调了建筑作为技术的一部分，是人体适应自然环境的内在驱动力与在物质与能量环境中的外向扩展的结合。因此，关联主义不仅是对建筑和环境相互作用的描述，还建立了一种建筑环境调控的系统模型，为构建更具互动性和适应性的建筑系统提供了新的视角和理论基础。

2）主客观综合视角下的二元交互阶段

在主、客观综合视角下的二元交互阶段，人与建成环境交互理论开始从主观和客观两个方面研究行为与环境之间的相互关系，其基于 1860 年代所形成的环境心理学和环境行为学，理论化与系统化地探究人类活动、经验与物理环境之间的相互联系。该阶段较为成熟的理论包括相互作用论与机体论。

在 1980 年代，丹尼尔·斯托科尔斯和莎莉·安·舒梅克首次提出了相互作用论，这一理论主要集中于探讨人类与其环境间的双向动态相互作用。相互作用论指出，人类与其所处的环境之间有着紧密的互动和相互依赖的联系。人们的行为模式和经验不仅会受到周围环境的影响，还会主动地去改变和影响他们所处的环境。这表明人类与其所处的环境是紧密相连、不可割裂的，任何一方的行为都会对另一方造成一定的影响。

相互作用论的提出，为理解、解决环境与行为问题提供了一个多维度的视角。它强调了环境与个体之间的复杂相互关系和动态交互作用，对于指导环境设计、促进人与环境的和谐共生具有重要的理论和实践意义。通过这种多维度视角，可以更全面地理解人与环境的相互影响，为创建更加人性化、适应性强的运维模式提供理论支持。

而科特·戈尔德斯坦提出的机体论（Organismic Theory）主要聚焦于个体（机体）与其环境之间的内在联系和互动。该理论将行为视为在短期目标与长期目标之间寻求平衡的多种可能发展路径中的一部分。机体论的核心观点是，个体不是被动地受环境影响，而是主动地与环境互动，这种互动对个体的发展和行为至关重要。

机体论的提出为理解个体行为的动机和其背后的心理过程提供了更深入、全面的视角。这一理论可以更好地揭示个体的需求特征和反应机制，从而创造出更符合个性化需求的环境调节模式。

对个体与环境之间的复杂互动关系的深入挖掘，有助于为个体提供更有利于提升幸福感的空间，提高空间的使用效率，也能促进人与空间的和谐共生。因此，主客观综合视角下的二元交互理论为智慧运维的建筑环境调节提供了新的理论指导。

3）多元交互阶段

在多元交互阶段，人与建成环境交互理论探究人与环境多元交互关系与作用。

进入 21 世纪，心理学家、建筑师、城市规划师和社会学家在研究人与环境相互作用的过程中，共同推动了整体交互论的发展。这一理论不仅考虑了人与环境的互动关系，还将时间因素纳入"人—环境"交互的框架（图 4-2）中，构建了一个三维多向的理论模型。整体交互论成为人与环境交互研究中的一个重要内容，它主要关注个体与环境之间的整体关系下的复杂性互动。

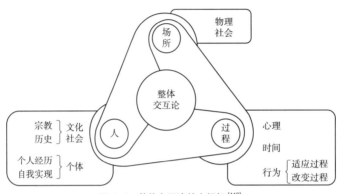

图 4-2 整体交互论基本框架[119]

整体交互论是一种系统化的思维方法论。它强调构成系统的各部分之间不仅存在相互作用，而且彼此依赖。考虑到个体与环境之间在物理、心理、社会和文化等多个层面的交互关系，这一理论提供了一个更全面的分析框架，以深入理解个体与环境之间在不同层次上的复杂互动。该理论框架有助于指导建筑环境调节，使其更加符合使用者的个性化与差异化需求。因此，整体交互论为构建更加人性化、环境友好的运维模式提供了重要的理论支撑，确保建筑作为一个整体在功能、效率、舒适度及可持续性等方面达到最优状态。

人与建成环境交互理论的发展，持续深化对人们如何与其所处的物理环境（包括建筑、城市和自然环境等）互动的理解，以及这些互动如何影响个体的行为、健康、心理状态和社会关系。这一理论的进步对于创造更加人性化、高效和可持续的建筑环境具有重要意义。随着这一理论的不断发展，人的身体感知、情感以及其他心理层面的因素被赋予了更大的重视。这些因素在建筑运维过程中扮演着关键角色，对于塑造符合居住和工作人员需求的室内环境至关重要。理论的发展不仅促进了对建筑空间如何影响人们行为和福祉的更深入理解，还强调了在运维过程中考虑人的主观体验和感受的必要性。

因此，人与建成环境交互理论为建筑运维提供了重要的指导原则，该理论重视人的需求和体验，辅助实时构建符合使用者个性化需求的环境，从而提升人们在其中的生活和工作质量。

4.1.5　建筑能量系统理论

建筑作为一种物质组织，由组织中要素的秩序来控制空间中的能量流动，并以此平衡与维持组织的形式。物质、能量、气候、形态、人体和系统共同构成了建筑学体系的关键要素。对建筑中的能量流动机制进行科学分析，对于指导建筑的形态设计、功能布局和空间规划具有重要意义。这种能量流动包括能量的捕获、协同和引导等过程。

"能量捕获"关注的对象包括风、光、太阳能及热能等；为了达到最大的能量利用效率，建筑形态必须能良好地响应外部气候，成为空气、光线和热能的捕获器，以及一个多层次的热动力系统，从而建立环境要素和建筑形式之间的转换路径。"能量协同"是从看似混乱的建筑功能能耗中寻找逻辑关系并合理地组织它们，通过立体配置的方式，合理混合功能与进行面积分配，以实现建筑各部分之间的良好协作、平衡建筑内的能量流动，达到人体舒适与建筑低能耗的目标。"能量引导"则是对空气流动、光线导入与建筑之间能量流动的综合考量，能量可以在建筑内部或建筑之间流通和传递，建筑形成的能量引导通道成为空间组织的内在逻辑，并在建筑、建筑群体与城市等不同尺度上发挥作用。

依据 1969 年伊利亚·普里高津在其论文《结构、耗散和生命》（Structure, Dissipation and Life）中提出的耗散结构理论，建筑被理解为一个"开放的非平衡系统"，具有热力学上的"耗散结构"特征。这样的耗散结构以最大化能量交换和稳态维持为特点，需要在整体的热力学系统中进行考量。

而威廉·布雷厄姆引入了系统生态学家霍华德·奥德姆在 1960 至 1970 年代创建的能量系统语言至建筑学领域。这一理论为建筑环境性能和能量利用的评价提供了一种综合的、多尺度的图解方法（图 4-3）。通过这种方法，建筑学者和实践者能够更全面地理解建筑与环境之间能量交换的复杂性，指导他们创造更为高效、可持续的建筑环境。

威廉·布雷厄姆在耗散结构学和生态系统学的基础上，提出了建筑能量系统的理论，并通过三种互相关联的尺度和模型来阐释能量流动的机制：①建筑在城市背景下对能量流动的增强效果；②建筑作为一个与外界气候隔绝的避风港，拥有独特的热力学属性；③建筑在日常生活和工作环境中对能源的需求。基于这一理论进一步发展出了热力学建筑理论和"建筑—环境—人居"耦合系统理论，为智慧运维中的建筑能量优化管理提供了坚实的理论基础。

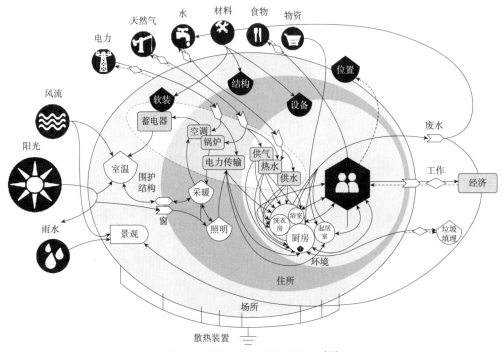

图 4-3　威廉·布雷厄姆的能量图解 [121]

　　在此基础上，热力学建筑理论将热力学的科学知识体系引入建筑领域，促使了新的建筑环境调控范式出现。该理论视每座建筑为一个开放的热力学系统，与外界环境持续进行能量和物质交换。在此范式下，建筑界面成为系统的边界，而气候环境则是系统的外部条件。

　　艾德里安·比朗的系统图解强调了开放系统带来的结构性根本变化。热力学建筑不仅仅关注能源使用效率和节能目标，而是基于一种"结构化"的理念，正如德勒兹所说的"动力造就形式"。它考虑建筑如何有效利用、存储和节约能源，通过设计优化建筑的热性能来提高能效和舒适度。从某种角度看，热力学建筑在建构一种形式规律，为建筑环境调控提供新范式，将可持续性议题融入建筑设计层面。这不仅是技术层面的革新，也代表着批判性、文化性、政治性的建筑议程。在热力学建筑理论指导下，建筑运维更注重协调能耗与舒适度的关系，在营造舒适环境的同时，有效控制能源消耗。

　　"建筑—环境—人居"耦合系统理论则认为，建筑、环境与人类居住行为之间存在着密切的相互作用和依赖关系。该理论框架旨在综合考虑这三个要素之间的动态互动，以实现更可持续、更人性化的建筑运维。这一研究通过理论分析和实地调研等方法探究气候、建筑和人类活动之间的关系，旨在创造兼顾节能和舒适的建筑环境。这一目标的实现，对实现"双碳"目标、改善人居环境和提高生活质量具有深远意义。基于此理论，建筑智慧运维从更加整体的角度考虑建筑、环境与人之间的互动，对"建筑—环境—人居"耦合系统进行综合优化，实现更高效率的能源利用的同时保证环境品质。

习题：

1. 建筑运维发展的两大驱动因素是什么？

2. 建筑运维发展包括几个阶段？每个阶段具有什么特点？

3. 建筑能量系统理论的三种尺度与模式是什么？

思考题：

从早期强调人与环境交互作用的相互作用论，发展到进一步将时间纳入"人—环境"框架中的三维多向的理论，从两个维度到三个维度交互的发展对建筑运维产生什么影响？

4.2　建筑智慧运维方法

智慧运维是一个结合先进的科技手段、管理策略和服务理念，全方位、高效地维护和管理建筑物及其内部系统的活动。这个综合性活动包括实时数据分析、设备监控、能源管理、环境控制、安全防范等多个方面，旨在实现建筑运行的安全、高效、可持续和人性化。依据《智慧建筑评价标准》T/CREA 002-2020，建筑智慧运维的主要目标可具体划分为安全与防灾、资源节约与利用、健康与舒适以及服务与便利四类。本节依据该标准下对于智慧运维目标的划分，系统地探讨建筑智慧运维的四个主要目标下的智慧运维方法，并解析基于人工智能的智慧运维方法在实现智慧感知、协同优化控制、即时反馈响应、低碳舒适环境上的作用，智慧运维方法框架如图4-4所示。

4.2.1　安全与防灾

安全与防灾是建筑运维的核心目标之一，其包括使用者的生命和财产安全。建筑本质上应提供一个安全、可靠的避难所，其基本职能包括通过日常的建筑安全监管，防止或减轻因可疑人员造成的损失以及结构缺陷、材料质量问题等因素导致的事故，确保居住者的生命安全和财产安全；以及通过防灾措施的实施，预防和减轻地震、火灾、洪水等自然和人为灾害的影响，以最大限度地保护建筑的结构完整性和居住者的生命安全。

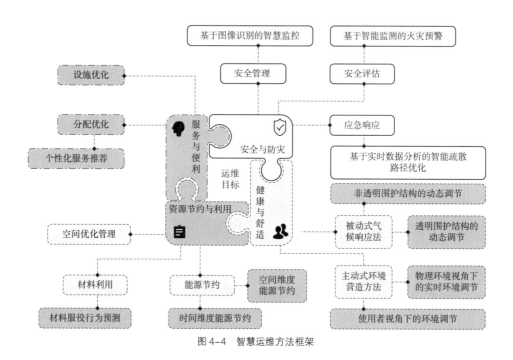

图 4-4 智慧运维方法框架

建筑安全与防灾的实现可通过安全管理、安全评估和应急响应等三个层面来进行。随着人工智能技术的发展，计算机视觉技术和人工智能算法在这一领域的应用变得尤为重要。而将计算机视觉技术和建筑安全与防灾措施结合，能提升安防监控系统的效率，实现全天候、多区域同时监控，减少人力资源的消耗。

1）安全管理

安全管理是指在日常运维中实施的一系列安全操作和管理活动，其核心目标在于通过持续的监控和预防措施维护建筑的长期安全性。图像数据采集是该方法的基础。例如，在建筑的关键区域安装图像采集设备，如闭路电视摄像头、高清摄像头和夜视摄像头，结合人工智能技术实现基于实时图像的智慧安全管理，以确保对可疑人员的全天候监控。或将人脸识别算法与电子门禁系统结合，可以有效控制人员的进出，增强安全性。

基于图像识别的智慧监控方法，即运用计算机视觉技术对视频或图像数据进行深度分析，能够准确识别和预警潜在的安全风险和威胁。这种技术能实时监控和分析各类环境因素及异常行为，利用集成的人工智能算法，如 CNN 等图像处理人工神经网络，对图像中的特征进行识别，从而准确检测非法入侵、可疑行为等异常情况，并及时触发警报，显著提升了智慧运维中对潜在危险的响应能力，同时可以迅速采取应对措施，极大地降低了因安全问题可能导致的人员伤害和财产损失。

安全管理在智慧运维中发挥着至关重要的作用，实现了对建筑的全面、持续的监控和管理，为居住者和使用者提供了一个更加安全、可靠的生活和工作环境。

2）安全评估

安全评估是安全与防灾目标实现中关键的一环，其涉及对建筑的安全风险进行全面的识别、分析和评估。这一过程包括但不限于：检查建筑结构的完整性、评估潜在的危险源、分析历史事故数据以及评价现有安全措施的有效性。安全评估的目的是识别和修正潜在的风险点，保障建筑及其使用者的安全。

在安全评估中，特别是火灾预警方面，传统的智能感知预警方法存在诸多局限性，如与实际火灾次数的高偏差、高漏报率和误报率等问题。为了解决这些问题，基于智能监测的火灾预警方法得到了广泛的应用。这种方法通过整合先进的传感器技术与人工智能算法，如CNN和循环神经网络（RNN），实时监测与火灾相关的风险因素，包括烟雾、温度变化等。

例如，当摄像设施结合计算机视觉模型识别出烟雾浓度与火焰时，火灾安全系统会立即启动预警机制，并采用优化控制方案，具体措施包括通知相关人员采取紧急疏散或灭火措施，并及时通知消防部门介入（图 4-5）[122]。通过这种智能火灾预警方法，建筑智慧运维过程中对火灾的响应速度可大幅提升，能够有效减少火灾带来的损害和影响，从而为建筑的持久性和可持续性提供了坚实的保障。

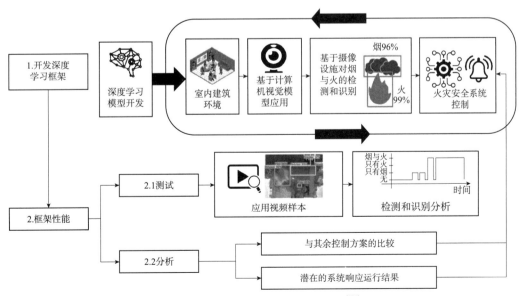

图 4-5 基于计算机视觉的火灾预警方法 [122]

此外，安全评估还包括对建筑结构、建筑的电气系统、燃气管线、应急照明、逃生通道等进行检查和测试，该检测可通过图像识别完成，确保在紧急情况下的有效运作。通过这些综合性的安全评估和管理措施，可以显著提高建筑的安全水平，为使用者创造一个更加安全、舒适的环境。

3）应急响应

应急响应是对发生的紧急情况或灾害进行迅速而有效的反应和行动的过程。这一过程涉及制定细致的应急预案、进行定期的应急演练、准备必需的应急资源（如救援设备等），并确保疏散通道的畅通。应急响应的核心目标在于迅速、高效地处理紧急情况，旨在尽可能减少人员伤亡和财产损失。

在现代智慧建筑中，紧急疏散路线的规划可以结合定位技术、计算机视觉技术与人工智能技术，并借助实时数据分析技术进行动态优化。通过基于实时数据分析的智能疏散路径优化方法，建筑物空间被网络化模拟，同时定义并描述建筑空间网络节点及疏散通道的静态和动态属性。依据火灾报警控制系统提供的实时数据，如不同区域的烟雾浓度、烟雾覆盖范围以及消防设备的工作状态，能够搜索并确定人员疏散的最优路径。

应急响应可利用数据库技术，实现路径优化算法与消防联动控制系统之间的数据传递。这种方法将最优路径所涉及的各节点信息和疏散标志与数据库相连接，实现了疏散标志所指示方向的智能、动态调整。这一创新使得传统的固定方向疏散指示转变为一种能够智能调节疏散指示方向的智能疏散引导方式。如此一来，就显著提高了紧急情况下的路径优化效率，并在更大程度上保障了人员与财产的安全。

通过全方位的应急响应方法，可以有效保障建筑使用者在紧急情况下的安全，减轻灾害带来的影响。

4.2.2 资源节约与利用

资源节约与利用是指结合场地自然条件和建筑功能需求，对建筑的体形、平面布局、空间尺度、围护结构等进行节能设计，对于实现建筑行业的可持续发展，提升建筑行业经济效益和生态效益具有重要作用。资源的节约和高效利用能有效降低建筑的成本和运营维护费用，从而带来长期的经济效益，并通过优化资源使用，明显减少对环境和自然资源的影响和消耗，实现建筑项目的环境友好性和可持续性。资源节约与利用主要可通过能源节约、材料利用与空间优化管理等三类方法措施去实现。

1）能源节约

建筑领域是全球碳排放的主要来源之一。面对国家提出的"双碳"目标，建筑领域在资源节约与高效利用方面的作用尤为关键。同时，随着信息通信技术的快速发展，大数据、边缘计算、人工智能等新兴技术在提高建筑资源节约和利用效率方面发挥着重要作用，为实现智慧运维提供强有力的技术支持。

在建筑能源节约方面，可以从空间和时间两个维度进行考虑。

（1）空间维度的能源节约主要涉及整体的能源调配，旨在实现能源利用效率的最大化。其包括在整体架构上的系统化考虑与能源分配方法的优化。

在整体架构上，通过系统化的组织，可实现能源更便利的存储与更优的利用。例如，进行光储直柔系统的构建，基于整体系统的角度实现空间维度能源节约（图 4-6）。在能源分配方法上，则通过实时数据的分析，以实现更高效的能源分配。例如，通过基于协同管理的能源优化分配方法，利用云计算和物联网技术实时收集并分析各建筑的能源使用数据，并据此进行能源分配和优化。在此基础上，建筑能够实时共享和转移能源，利用智能电网等高效电网技术将产生或存储的能源传输至需求较高的区域，从而保证整个建筑群的能源效率最大化，减少能源浪费的同时降低运维成本。在基于分时电价的情况下，建筑能源管理系统的"能源—负荷—储能"协同调度多目标优化方法将电网连续变化的调节信号（如连续功率指令、分时电价、动态碳信号等）作为输入，以最小化电价和碳排放为目标，通过模拟分析，优化暖通空调系统各设备的运行策略，保证电能、热能和冷却负荷之间的平衡。

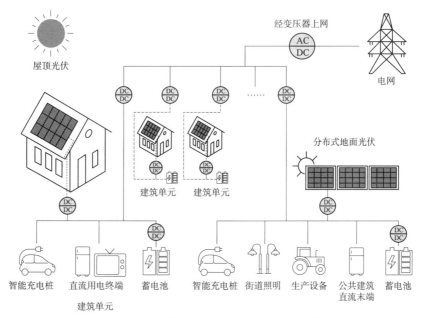

图 4-6　基于光储直柔系统的空间能源节约方法[123]

（2）从时间维度考虑的能源节约方法则侧重于实时性和动态调整。通过物联网传感器，如温湿度传感器和人体传感器，实时监测和采集建筑内部的环境数据及使用者行为数据。利用数据挖掘和统计学原理分析所采集数据中的模式、趋势和关联，为能源节约策略提供科学依据。同时，该方法应用机器学习算法，综合室外温度、湿度、风速等气候条件以及人体舒适度等多方面因素，制定既满足用户舒适度需求又节约能源的最优决策。在此基础上，系统自动调整建筑内部设备的运行状态，如开关状态、运行速度等，以实现能源与舒适度之间的最佳平衡。

2）材料利用

材料服役行为预测在建筑领域至关重要，尤其是当考虑到材料劣化以及动态载荷（如风、地震、环境振动等）可能导致的基础设施损害。这些因素可能会使基础设施丧失其能力，从而需要维护甚至拆除，导致资源浪费和效率低下。因此，为了提高材料的利用率和延长其使用寿命，对材料在实际应用环境中的服役行为进行预测显得尤为关键。

材料服役行为预测着重考察材料在实际使用环境中的整体表现，涉及性能表现、退化、疲劳、损伤等多方面。这一预测不仅关注材料的性能参数，还涵盖材料随时间和使用条件的变化及其对材料整体服役寿命和可靠性的影响。具体而言，它包括对材料健康状态的预报和剩余寿命的预测。健康状态预报旨在确定当前部件或系统所处的健康退化阶段，而剩余寿命预测则基于当前和历史状态信息，使用适当的预测模型来确定部件或系统的剩余使用寿命。

过去，这些潜在的故障通常通过人工手动检查或测试来评估，但这种方法效率低下，且容易遗漏问题。而现代技术，如基于监测数据的材料服役行为检测方法的出现，改变了这一局面。其利用各种传感器加快定期检查的频率，可以减少与老化的基础设施意外故障相关的直接和间接费用。此外，人工智能的应用为材料性能预测方法带来了新的突破。例如，通过选择历史数据作为训练样本，应用训练算法（如支持向量机、人工神经网络等）训练模型，实现精准的材料性能预测。尽管这类方法避免了复杂的数学模型和对专家经验的依赖，但数据的不完整性和黑箱模型的特性会降低预测结果的准确性和可解释性。

为了克服这些限制，材料服役行为预测方法现在可以通过分析由传感器收集的大量数据（如温度、湿度、电流、电压等）来进行。这些数据经过预处理后，可以输入到深度神经网络中。其能学习数据间的复杂关系，并预测材料服役性能下降情况以及其他潜在问题。深度神经网络还可以建立数据与材料性能之间的映射，从而降低材料的故障率，显著提升系统的整体运行效率和延长寿命。这种方法不仅减少了维护成本，还促进了资源的节约和高效利用，为建筑领域的可持续发展做出了重要贡献。

3）空间优化管理

空间优化管理秉承"以人为本"的核心理念，通过精确分析空间资源的使用情况及使用者的需求，实现空间资源的合理调配和使用者行为的有效引导。这一管理策略的目的在于优化空间布局和使用模式，从而提高空间利用效率，增加使用者的舒适度和满意度。此外，合理的空间管理还有助于减少能源消耗，降低运营成本。例如，通过重新规划空间布局，以最大限度地利用自然光线，可以有效减少对人工照明的依赖，进而实现能源节约。

在具体实践中，空间优化管理依赖于对建筑的结构、设施、空间和使用信息的深入分析。这一过程中，传感器和其他数据采集设备发挥着关键作用，它们实时监控建筑的运行状态和空间使用情况。通过对这些数据的持续分析，管理者能够识别出潜在的改进空间和优化机会，并根据实际需求和使用模式，动态调整空间布局和利用策略。

此外，空间优化管理还包括使用者位置信息的实时联动。这种方法将所有可用的闲置空间资源进行整合和重新调配，通过提供使用者远程咨询、预约、订购等服务，引导使用者即时、就近选择并利用所需资源。这样不仅提升了空间资源的利用效率，还为使用者提供了便捷高效的使用空间找寻方式。数字化技术在这一过程中扮演了至关重要的角色，提供了精准、高效且有效的工具，以支持从城市空间到建筑空间的空间资源配置。

综上所述，空间优化管理通过整合人工智能技术与用户导向的策略，实现了空间资源的最大化利用，为建筑和城市层面的可持续发展贡献力量。同时，它也体现了对建筑使用者需求的深入理解和满足，进而提高了使用者的整体满意度和舒适感。

4.2.3　健康与舒适

健康中国战略强调了健康与舒适的重要性，而作为人每天所处时间极长的建筑空间，它的健康性能与舒适度对人的重要性不言而喻，与居住者的福祉紧密相关。通过对建筑室内环境的实时监控与调节，营造健康舒适的建筑环境，能够提升人们的生活质量和工作效率，增强人们的幸福感。

营造健康与舒适环境，可以采用被动式气候响应方法与主动式环境营造两类方法，通过主、被动方式耦合调控，营造人因导向下智慧调节的室内环境，在以人为本的舒适性基础上实现环境调节的高智能化与自动化。

1）被动式气候响应法

在建筑环境系统营造方法中，被动式气候响应方法占有不可或缺的地位。相较于主动式环境营造方法，被动式气候响应更注重利用建筑的设计和物理特性，基于对气候变化的自然感知与响应，创造出健康舒适的室内环境。被动式气候响应方法主要依赖于非透明围护结构和透明围护结构的动态调节实现。这种方法充分利用建筑物自身的结构特性，根据外部气候条件（如温度、湿度、风速等）的变化，调整建筑结构的性能，以维持室内环境的稳定和舒适。

（1）非透明围护结构，通常包括墙壁、屋顶和地板等不透明部分。在传统的设计中，这些结构多采用静态设计，如增加墙体厚度或使用低导热性能的新材料（如加气混凝土等）来提升其热阻。然而，这种静态设计缺乏对环境变化的动态响应能力。在建筑能效与高质量室内环境营造导向下，建筑表皮从静态调控转为动态调控，通过规律性变化或操控实现对不利条件的回避。

而随着高质量室内环境营造要求的不断提升，规律性的变化模式无法满足其要求，建筑表皮由动态调控转向自适应调控。自适应表皮被定义为一种形态可发生变化以实时适应边界条件的立面，其随着时间的推移可被动或主动地改变其特性以减少建筑能耗。具体而言，自适应表皮能通过感知外部光照、温度和风速等气候变化，动态调节建筑表皮的开合角度，以优化天然采光的利用率，并最小化室内眩光和热损失。

动态表皮与早期的自适应表皮所采用的动态调节策略包括机械调节和真空充注等方法，以提升其适应性。然而这些方法虽然提升了建筑表皮的调节能力，但在控制复杂性、结合难度及调节幅度方面仍存在局限。

而仿生技术与新材料的结合为围护结构对环境响应提供了新路径，如利用新型平板热二极管的相变传热调节能力，解决了传统围护结构在动态调节上的局限性。这种新型材料的单向传热能力可达 10~30 倍，显著提高了建筑围护结构的传热调节能力。

（2）透明围护结构的动态调节主要涉及建筑的窗户、天窗等透明或半透明部分。这些结构的动态调节，主要通过运用特殊材料实现，使其能够根据外界光照强度或温度变化自动调整其透光性，从而有效地控制室内的光热环境。

智能窗户作为透明围护结构的重要组成部分，以其调光材料和玻璃等基材的结合，能够实现光热性能的主动或被动调节。这些智能窗相关的技术包括电致变色、热致变色、力致变色和光致变色等，其中受材料技术发展、使用寿命、制造成本和规模化应用的限制，热致变色和电致变色技术在未来建筑应用中具有较大的发展潜力。

热致变色材料，如 VO2、PNIPAM、HPC 水凝胶、离子液体、钙钛矿等，具有特定的相变温度，在不同温度下显示出不同的太阳辐射透过率。而电致变色材料如无机金属氧化物 WO3、有机小分子材料和导电聚合物等，在外加电场的作用下，通过电化学氧化还原反应实现稳定且可逆的颜色变化。

这些智能窗材料的应用不仅限于建筑幕墙，在飞机舷窗、变色眼镜、汽车防眩后视镜等领域也有广泛的应用前景。透光围护结构的材料调节能够有效调控光照和热量的进入，降低夏季过度太阳辐射带来的热量增益，同时在冬季允许更多热量和光线进入，减少对人工照明的依赖，提高自然光利用率，同时调节视觉舒适度，减少眩光，提升室内光环境质量。

综上所述，被动式气候响应法不仅提升了居住舒适度，还为实现建筑的节能和环境可持续性贡献了重要力量。通过这些创新技术的应用，建筑运维在响应环境变化、提高居住者体验方面迈出了重要步伐。

2）主动式环境营造方法

与被动式气候响应方法相比，主动式环境营造方法更加强调环境感知技术与环境调节设备的结合应用，能结合使用者的需求和偏好实现更加精确和个性化的室内环境控制。其主要可分为物理环境视角下的实时环境调节和使用者视角下的个性化环境调节两大类。

（1）物理环境视角下的实时环境调节方法通过部署多种环境参数传感器，如温度、湿度和光照传感器等，实时监测室内环境条件。这些实时收集的数据不仅可以通过物联网技术实时反馈给建筑管理系统以进行智能调节，还可以用于大数据分析，为长期的建筑运营策略提供数据支持。这种基于物理环境视角的实时环境调节方法能够快速响应外部气候变化，优化室内环境条件，旨在提升居住者的舒适度和健康水平，同时减少能源消耗。

（2）使用者视角下的个性化环境调节方法则注重分析居住者的生理和心理需求，打造更加个性化的室内环境控制策略。例如，通过运用可穿戴设备、调查问卷或人的行为识别技术，收集个人的生理数据（如心率、体温等）和个人偏好。随后，这些数据通过数据分析和智能算法进行加工和解析，最终用于调整智能空调或照明系统，实现个性化的温度和光照控制。这种以使用者为中心的个性化环境调节方法不仅能够满足不同用户的需求和偏好、为他们提供量身定制的舒适环境（图 4-7），还可以通过更精确的室内环境控制减少能源浪费，进而提升能源使用的效率和效益。

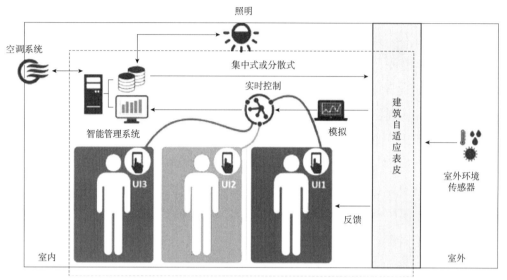

图 4-7　使用者视角下的舒适环境营造方法 [125]

综上所述，物理环境视角和使用者视角主动式环境营造方法，可更综合与智能地提升建筑内部环境的舒适度和健康水平，从而推动建筑向着更加智能、高效和人性化的方向发展。

4.2.4　服务与便利

由于建筑的根本目的在于服务于人，优秀的建筑系统不仅应注重安全、节能与舒适，还需通过系统集成和大数据应用来提供一站式便利服务等方式，提高居住者的工作效率和生活质量，并增强居住者的体验和满意度。

建筑服务与便利的提升可以分为设施优化与分配优化两个维度。

设施优化的核心在于通过改进或增添新的设施来丰富建筑使用者可以选择的服务类型，从而更好地满足他们的多元化需求。在建筑运维阶段，设施优化的关键在于深入理解使用者的需求和反馈。为此，常用的需求收集方法包括问卷调查、用户深度访谈、用户行为观察以及用户意见反馈设施。基于这些反馈，建筑运维团队可以对现有设施进行必要的改进或增添新设施，以提高服务质量和效率。

而分配优化聚焦于在硬件条件充足的基础上，根据使用者的行为习惯和偏好来优化资源分配，确保尽可能多的使用者获得优质的服务体验。在这一过程中，个性化服务推荐发挥着至关重要的作用。这种服务是通过分析用户设定的偏好，结合多渠道收集的资源信息来实现的，涉及资源的收集、整理和分类，旨在向用户提供和推荐最匹配其需求的信息和服务。个性化服务的实施标志着从传统的被动服务模式向主动、个性化服务的转变，有效利用了各种资源优势，优化了服务产业链，更加主动地满足用户的个性化需求。

个性化服务推荐是现代建筑智慧运维的重要组成部分，其包括活动推荐、路径规划等多个方面。这一服务的核心在于通过结合人工智能和优化决策的方法，深入分析用户的基本信息和历史行为数据，从而精准地把握用户的需求和偏好。

个性化服务推荐区别于传统的需求反馈收集与实现方法，主要体现在其先进的数据处理和分析能力上。这种服务能够精准地捕捉用户的具体需求和偏好，从而提供更加定制化的服务体验。与传统的需求反馈收集和实现方法相比较，其优势尤为显著。首先，个性化服务推荐依赖于强大的数据处理和分析能力，能够根据用户的具体需求和偏好，提供更加精准且个性化的服务。其次，用户能够实时接收到服务推荐信息，并根据当前的需求和条件做出动态调整，这种即时性和灵活性大大提高了服务的适应性和有效性。再次，个性化服务推荐显著提升了用户体验。通过提供定制化的服务，用户感受到的关注和价值感显著增强，从而提高了整体满意度。最后，这种服务方式有利于优化资源分配和能源利用，有效提高了建筑运维效率。

个性化服务推荐通过构建和训练高效的决策模型得以实现，能够基于用户数据精确预测用户的需求和偏好。这一过程涉及大量数据的收集和分析，包括用户的历史行为、交互偏好等。然后，利用传感器和其他智能设备实时收集用户行为和环境数据，对这些数据进行即时分析和处理。这些实时数据与用户模型相结合，能够生成个性化的服务推荐列表，并以用户友好的方式呈现，从而提供更加精准和个性化的服务体验（图 4-8）。

此外，个性化服务推荐还包括对用户反馈的持续收集和分析，这有助于不断优化和调整决策模型，提高服务推荐的准确性和用户的满意度。例如，对于商业大厦，可以利用传感器和其余物联网设备收集大厦内各区域的能源使用数据。通过人工智能和优化决策技术对这些数据进行深入分析，生成个性化的能源管理建议，并有针对性地推送给相应的租户。这样的做法不仅有助于减少非工作时间的能源浪费，还能显著提高能源使用的效率和大厦的整体运营效率。

综上所述，个性化服务推荐不仅为用户带来了更加满意的服务体验，同时也为建筑的智慧运维提供了有效的支持，使建筑运营更加高效和可持续，对提升建筑的整体价值和使用者的满意度具有重要意义。

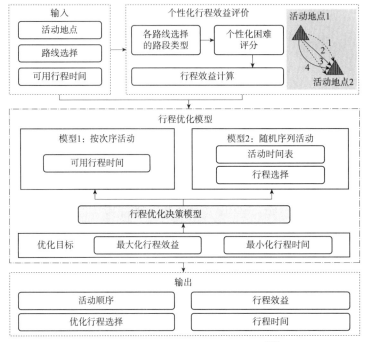

图 4-8　基于个性化服务的路径规划方法 [126]

习题：

1. 计算机视觉和视频结合在一起，在建筑运维阶段的智慧安防方面发挥什么样的作用？

2. 建筑资源节约与利用的实现包括哪几个方面？

3. 被动式气候响应方法主要通过哪两大途径实现？

思考题：

除了基于人工智能与优化决策相结合的个性化服务推荐方法，是否还能有其他方法在建筑的服务与便利方面发挥重要作用？

4.3　建筑智慧运维技术

本节集中探讨建筑智慧运维中应用的技术，包括物联网、BIM、云计算和人工智能技术。详细介绍物联网技术在建筑智慧运维文本类数据采集和自动化控制方面的应用与影响；BIM 技术在设备远程监测与控制、设备空间定位和内部空间及设施可视化管理方面的应用与影响；云计算技术在远程资产管理、数据存储与分析和实时优化策略方面的应用与影响；人工智能技术在预测性维护、优化管理和自动化控制方面的应用与影响。

4.3.1　物联网技术在智慧运维中的应用

物联网（IoT）是指通过各种信息传感器、射频识别技术、全球定位系统、红外线感应器、激光扫描器等各种装置与技术，实时采集任何需要监控、连接、互动的物体或过程，采集其声、光、热、电、力学、化学、生物、位置等各种需要的信息，通过各类可能的网络接入，实现物与物、物与人的泛在连接，实现对物品和过程的智能化感知、识别和管理。其特征包括整体感知、可靠传输和智能处理。

基于物联网的智能传感系统被广泛研究，并在智慧运维中应用。IoT 技术赋予能够将环境感知、监测及控制应用到每一个具体的建筑构件及设备的能力，并可以实现实时数据的收集处理以及建筑元素之间的信息交换及通信。在智慧运维中，IoT 技术的使用提高了建筑运维的效率、可靠性和便捷性，同时也为进一步分析提供数据，从而提高建筑性能、降低成本、确保安全。其常见的应用场景包括建筑的文本类数据采集、影像类数据采集两方面。

1）文本类数据采集

智慧运维阶段的文本类数据采集是一个动态、连续的过程，所应用技术包括文本类数据获取技术与文本类数据集成技术。针对环境与设备的文本类数据获取通常是通过在建筑或工程设施中部署各种传感器和监控设备，实时或近实时地收集数据，包括但不限于温度、湿度、能源消耗、设备运行状态、环境条件等多方面的信息，为实现更高效、更可靠、更安全、更可持续的运维管理提供数据支持。

针对使用者的文本类数据获取可通过毫米波雷达、被动红外传感等技术来采集人员位置与行为特征信息，为人员时空需求监测提供依据；还通过可穿戴设备监测人身体各部位的生理特征参数，为人员热舒适评估提供参考，进而用于建筑环境营造与暖通空调系统节能控制。

文本类数据集成即通过物联网技术将各种传感器和设备连接到集中的管理系统中，实现数据的全面分析，以便运维人员全面了解建筑环境实时状态，有助于及时发现问题。例如，当建筑温度过高、湿度异常或有害气体浓度升高时，系统能够尽早采取措施来保持舒适性和安全性。

集成系统由应用数据服务层、网络通信层与终端用户层构成，其中应用数据服务层包括应用服务数据库、数据备份服务器和用户信息数据库，如基于物联网的智能数字校园体系（图 4-9）[127]。其通过校园无线网，将各层级数据信息进行汇总。最终将数据反馈到终端用户层，便于人们获得所需要的数据。而从终端用户层收集到的数据，

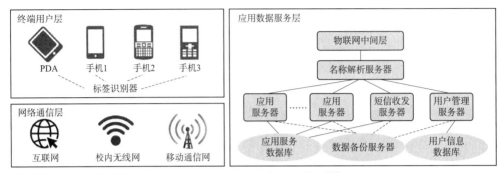

图 4-9　基于物联网的数字校园体系 [127]

也可以传递到应用数据服务层，进行进一步分析和决策。

2）影像类数据采集

影像类数据采集所应用技术包括影像类数据获取技术与影像类数据集成技术，其集成了信息技术（IT）、物联网（IoT）、人工智能（AI）和数据分析等多种先进技术。影像类数据获取技术可利用摄像设备获取实时影像数据，能使运维人员通过远程的方式，实时或近实时地监控、管理和优化设备、系统或整个建筑的运行状况，从而优化能源使用情况；也可利用摄像设备监测建筑内外的活动，并在检测到异常情况时立即发出警报，有助于提高建筑的安全性。基于物联网的影像类数据采集不仅提高了运维效率，也增加了运维的灵活性和响应速度。

影像类数据集成由监控管理系统实现。监控管理系统由 4 个部分组成，分别是硬件层、虚拟层、集成层与应用层，如基于物联网的电梯远程监控管理（图 4-10）[130]。其利用红外线传感器、激光扫描设备、变频识别设备将物品的相关信息通过网络传递到

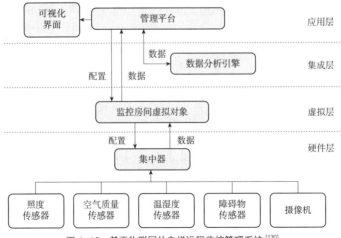

图 4-10　基于物联网的电梯远程监控管理系统 [130]

终端，电梯内部的监控系统在收集视频信息之外，还需要对相应的图像信息进行收集和整理，利用监控系统能够在问题出现的短时间内发出警报，工作人员能够按照故障位置进行维修，降低了工作人员的作业强度，缩短其工作时间。

此外，物联网技术与智能控制的结合使建筑能够实现自动化控制。根据传感器数据和预定的规则，建筑系统可以自动调整操作，以优化能源消耗、维护舒适性和安全性。例如，物联网技术可以用于建筑的能源管理，通过实时监测电力、水和气体的消耗来帮助减少能源浪费。此外，太阳能和风能等可再生能源系统也可以与物联网技术集成，进一步改善能源使用情况。

4.3.2　BIM 技术在智慧运维中的应用

BIM 技术在建筑智慧运维阶段发挥重要作用，应用于设备维护维修、应急管理、能源管理、变更管理和安全防护等场景。它能获取、存储、集成和处理信息，进行分析与可视化，实现部分运维功能自动化，优化运维活动，并辅助运维人员。

BIM 技术在建筑智慧运维阶段可起的作用包括获取数据源、构建信息交换的数据基础设施、作为集成数据平台、作为分析平台与作为可视化平台。

基于 BIM 技术获取数据源可实现为其他系统提供基本的建筑信息（3D 几何形状和语义数据），并通过实时访问采集数据实现采集数据的整合。

基于 BIM 技术构建信息交换的数据基础设施，可通过交互格式和插件与其他系统相互作用。

基于 BIM 技术构建的集成数据平台可通过语义层访问链接的传感器数据；同时其是连接多个建筑系统的松散耦合系统的"枢纽"，实现传感器与多建筑系统数据的全整合。

基于 BIM 的分析平台，可开发分析程序，实现室内定位、火灾应急模拟、故障检测与诊断、可持续性分析等功能。

基于 BIM 的可视化包括 BIM 界面上的可视化，以定位建筑组件并支持维护系统中的故障排除；而与室内定位系统（IPS 系统）结合后，可联合 AR 与 VR 实现室内导航；同时基于 BIM 平台可视化展示能源消耗情况等物理性能信息。

基于 BIM 的设备维护及维修、应急管理与能源管理是目前最为普遍的三种应用场景。

1）设备维护及维修

设施维护是指"维持固定资产最初预期使用寿命所必需的工作"，是预防性的和主动性的，而设施维修是指"将受损或磨损的财产恢复到正常运行状态所必需的工作"。

在设备维护及维修中，基于 BIM 的故障检测与诊断技术通过集成形式提供基于三维可视化的信息，使运维人员能够更有效地定位建筑构件，并降低理解信息的难度。在此过程中包括基于 BIM 的信息获取与整合、基于 BIM 的分析决策与基于 BIM 的可视化三个部分。

基于 BIM 的信息获取与整合涉及建筑管理系统信息集成、传感器信息集成、室内定位信息整合和建筑几何信息集成。建筑管理系统包括楼宇自动化系统（BAS）、计算机化维护管理信息系统（CMMS）、建筑能源管理系统（BEMS）、电气仪表与控制（EIC）系统和地理信息系统（GIS）。为解决互操作性问题，工业基础类（IFC）是常用的数据交换模式，商业软件如 AutoCAD Civil 3D 和 Revit DB Link 也可用于数据交换。

基于 BIM 的分析决策利用 BIM 的可视化和分析功能检测定位系统故障，识别故障因果模式以改进维护和维修程序。这一过程可结合可视化技术和人工智能技术提高故障识别与针对措施实施的效率。

基于 BIM 的可视化为运维人员提供必要信息，并直观呈现以便理解。方式包括结合物联网技术和 AR/VR 技术。物联网技术提供条形码和 RFID 标签访问数据库中相应对象链接信息，扫描后移动设备显示相应 3D BIM 组件及其信息。AR/VR 技术为现场工作提供界面，实时提供物理空间叠加几何表示的可视化结果和基于 BIM 的设施信息。

结合 BIM 与 AR 的设备维护及维修显著提升了运维效率与便利性。如德国教学楼运维辅助系统案例[132]，以数字方式支持运维人员。辅助系统包括用户界面导航和 AR 标识，提供位置导航和目标设备 AR 标记，指导完成维护任务，见图 4-11。如目标烟雾探测器的位置和错误代码分别由红框和字母数字文本指示，并使用红色 ID 标签标记识别目标烟雾探测器，并将其 3D 模型叠加在摄像机视图上。

2）应急管理

在应急管理中，基于 BIM 的紧急疏散技术与基于 BIM 的防灾评估技术均起到重要作用。在紧急情况下，BIM 可以作为数据源、用户界面和分析平台，通过提供建筑物的精确三维几何形状和语义信息，并集成实时人员位置信息，在紧急情况下进行寻路和疏散指导。而在日常情况下，BIM 又可作为模拟分析平

图 4-11 AR 运维辅助系统[132]

台检查运维系统是否存在漏洞。

　　基于 BIM 的紧急疏散技术包括基于 BIM 的信息获取与整合以及基于 BIM 的分析决策两部分。基于 BIM 的信息获取与整合包括传感器信息集成、室内定位信息整合与建筑几何信息集成。基于 BIM 的分析决策主要为路径规划。寻路是紧急疏散情况下的一个基本问题。在紧急情况下，需要将待疏散人员引导到安全地点，同时避开潜在的危险区域；急救人员需要在确保自身安全的同时，尽快找到被困人员。因而基于 BIM 的信息获取与整合对此十分关键，可为紧急情况提供高效充分的信息支持。此外，确定最佳路径并为待疏散人员和急救人员提供指导，不仅需要全面的建筑信息和实时态势感知，还需要能够分析情况并支持决策的智能算法。因而基于 BIM 的分析决策也必不可少，为紧急情况提供高效优质决策方案。

　　例如，"基于 BIM 的智能防火救灾系统"[134] 可有效用于早期监测预警、实时疏散与救援的路线规划以及火灾事件相关信息的动态三维可视化等场景，如图 4-12 所示。该系统结合无线传感器网络的蓝牙技术，链接到移动应用程序，定位建筑中的人与火焰，并将信息显示在 BIM 3D 可视化模型上。蓝牙传感器网络实时监测环境状况，连接到手机 APP 以实现个人定位。定位 / 疏散模块使用 BIM 模型显示并指导受影响区域内每人的实时疏散路线。定位 / 消防救援模块通过救援引导地图使用 BIM 3D 可视化增强救援响应。

　　而基于 BIM 的防灾评估技术包括基于 BIM 的信息获取与整合、基于 BIM 的分析决策以及基于 BIM 的可视化三部分。其能实现建筑几何信息集成，在此基础上进行建筑系统漏洞评估，检测建筑系统是否存在安全上的隐患。同时，还可结合 AR 与 VR

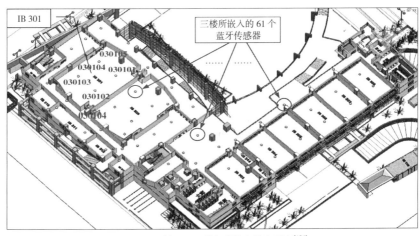

图 4-12　基于 BIM 的智能防火救灾系统[134]

的可视化功能，进行应急疏散模拟。

3）能源管理

优化能源消耗需要了解实际能源需求并相应地调整运营活动。基于 BIM 的能源管理技术可采用 BIM 整合并可视化与能源相关的信息，实现对能源的实时监测与分析，实现能源配置的优化。

基于 BIM 的能源管理技术包括基于 BIM 的信息获取与整合、基于 BIM 的分析决策以及基于 BIM 的可视化三部分。基于 BIM 的信息获取与整合包括设备传感器的信息集成、室内定位信息集成以及建筑几何信息与材料信息集成。BIM 可通过将建筑几何形状和组件的物理特征信息从 BIM 导入能源分析工具，为能源分析提供信息。该过程可借助插件或利用可交互格式完成，如通过 IES-VE 附加模块将 Revit 中开发的 BIM 信息直接导入 IES-VE。

基于 BIM 的分析决策可实现高效的能耗预测与能耗优化。除基于能耗模拟软件的能耗模拟方式外，还可基于能耗运行数据实现能耗的精准预测，如基于 BIM 的实时建筑能源系统故障检测和诊断（FDD）方案[135]，如图 4-13 所示。该方案将从 BIM 中提取的与 FDD 相关的建筑信息，与安装在建筑物中的传感器生成的实时数据相结合。FDD 可以通过对模拟能源性能结果和实际能源消耗进行比较来实现。而基于能耗预测结果可通过优化算法获取能耗最小化的设备运行参数。此外，基于 BIM 的能耗管理系统可基于能耗预测与优化的结果，对系统进行实时控制调节实现能耗的最小化。

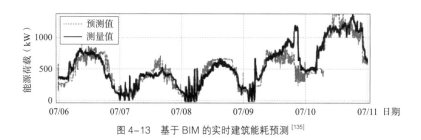

图 4-13　基于 BIM 的实时建筑能耗预测[135]

基于 BIM 的可视化可将能源消耗数据可视化，包括各设备能源消耗数据与能源消耗的时空信息。该可视化方式常与数字孪生理念结合。如有研究所提出的数字建筑系统，建筑传感器产生的数据由中央数据库收集，并集成到 Unity（视频游戏的可视化引擎）中的 BIM 中，以可视化时空分析结果，这些结果是由时间和空间数据分析生成。作者开发了一个程序来同步 Unity 和数据库之间的所有通信，因此用户可以在虚拟建筑中看到实时能耗信息和分析结果。

第 4 章　建筑智慧运维　　183

4.3.3　云计算技术在智慧运维中的应用

在建筑工业化和数据化深入融合的大背景下，物联网、大数据等新一代信息技术获得了快速发展。企业业务的移动化及其对海量数据存储和处理的新需求，推动云计算应用向建筑运维领域渗透。

云计算是一种能够通过网络以便利的、按需付费的方式访问可配置计算资源（例如网络、服务器、存储、应用程序和服务）共享池的模型，这些资源可以通过最少的管理工作来快速配置和发布。它具有超大规模、虚拟化、高可靠性、通用性、按需服务等的特点。该技术可以在很短的时间内（几秒钟）完成对数以万计的数据的处理，从而达到强大的网络服务。其包括三种服务层次，分别为 IaaS、SaaS 与 PaaS。IaaS 即消费者通过 Internet 可以从完善的计算机基础设施获得服务；SaaS 即通过 Internet 提供软件的方式，用户无需购买软件，而是向提供商租用基于 Web 的软件；PaaS 指将软件研发的平台作为一种服务，以 SaaS 的模式提交给用户。

云计算技术在智慧运维的远程资产管理、数据存储与分析以及实时优化策略等三方面发挥着重要作用，包括运营优化、资源节约和防灾安全等方面，整合云计算技术与数据挖掘技术有助于实现建筑运维的效率提升与智慧化。

1）远程资产管理

云计算允许运维人员通过云端连接建筑设备，实时监控设备状态和性能。它可快速识别故障和异常，减少维修时间和成本。结合物联网设备（如传感器、摄像头）和数据分析技术，云计算收集各种资产（如空调、电梯、安全系统）的实时数据，上传至云服务器。云端的高级数据分析和机器学习算法可以实时分析数据，检测潜在问题，有助于规划维修计划，避免突发故障，提升设备的可用性。

2）数据存储与分析

云计算在建筑智慧运维的数据存储与分析方面起关键作用，其提供大规模数据处理能力。在云计算环境下，数据即时传输至云端，利用分布式计算资源实时进行大数据分析。同时云计算提供大规模数据存储能力，存储大量传感器数据、设备日志和性能数据，辅助后续分析和决策。通过云计算的高级数据分析和挖掘技术，可以识别建筑运营中的趋势、模式和潜在问题，用于节能、资源优化和设备性能改进。

此外，云计算能提供可扩展、低延迟、高效的运算环境。云计算可实现"弹性计算"，根据数据处理需求自动分配计算资源，快速完成建筑数据模型运算和分析。例如，在大型商业建筑群如购物中心，对空调、电梯和照明系统等多系统进行实时监控和维护。

3）实时优化策略

与传统的计算方式相比，云计算降低了数据分析成本，提高了效率。因此云计算支持对实时数据的分析，系统可实时优化策略，自动调整系统参数，提升能源效率和舒适度。例如，根据气象数据调整供暖和冷却系统。云计算通过监测和优化能源使用、水资源利用等降低运营成本，提升资源利用效率。还可用于实时监测建筑安全性能，如火警和入侵检测。当出现警报时，系统及时通知相关人员以便采取措施，提升安全性。

以某商业集团项目级能源管理平台为例[127]，平台底层传感器（智能电表、水表等）获取数据，通过 RS-485 等有线形式传至采集器，再通过 TCP/IP 等格式传至服务器，在云服务器上实现数据存储和计算，按业务逻辑实现功能，用户通过网页登录系统使用管理分析功能。

4.3.4   人工智能技术在智慧运维中的应用

人工智能技术在建筑智慧运维领域中扮演越来越重要的角色，其应用于性能预测、优化管理与自动化决策三部分，包括设备健康监测、环境营造和安全防护等具体应用场景。整合人工智能技术与机器学习算法显著提高了建筑运维的准确性和响应速度，从而实现更高效、更可持续的运营模式。

1）性能预测

基于人工智能的性能预测分为客观设备和环境相关性能预测、使用者主观感受预测，涵盖预测性维护和使用者舒适度预测等场景。预测性维护（PM）基于设备状态和运行数据，通过定期或连续的状态监测和故障诊断预测设备未来趋势，有助于提前感知系统安全风险，提醒采取行动规避风险。使用者舒适度预测通过机器学习模型构建生理数据、环境数据或使用者行为数据等可采集数据与使用者感受之间的映射关系，实现实时精准舒适度获取。

基于人工智能的性能预测，由收集数据、数据处理、构建模型以及预测模型训练与评估流程组成。它从给定的历史数据集中学习，以对新的观察结果做出精确的预测。预测结果可以作为自动化控制的基础，旨在确保运维的有效性和可靠性。

智慧运维阶段的数据源包括传感器和物联网收集的各种设备（如空调、电梯、照明系统等）运行数据及使用者生理感知和行为数据。构建的模型如 CNN 和 RNN，建立收集数据与性能之间的映射关系，以便及时发现潜在故障和维护需求。

在预测性维护中，数据通常为时间序列数据，时间序列分析则可以用于处理运行数据中具有时间顺序的数据。它能够捕捉到数据中的季节性、趋势和周期性，通过对过去的数据进行分析，预测未来某一时刻的数据值。例如，通过对电梯的运行数据进行时间序列分析，预测电梯在未来某一时间段的运行状态和可能发生的故障类型。

在使用者舒适度预测中，通过环境传感器提供气温、湿度、光照等环境实时数据，基于机器学习算法建立环境数据与舒适度的映射，在算法预测到舒适度即将不满足人员需求时自动调整室内环境，以提高室内人员舒适度，同时降低能源消耗。

2）优化管理

优化是为项目寻求和提供实用解决方案的决策过程，其能最大化预期效果，并使流程能够完美遵守一系列标准和约束。建筑运维阶段的优化管理基于人工智能算法和多目标优化算法，可以提高方案的质量并拓展设计的可能性，目的是改善建筑设施性能、减少能耗和成本，并确保设施处于最佳运行状态。

基于人工智能的优化管理分为建筑性能导向和使用者导向两种。

（1）性能导向优化管理旨在提升建筑设施性能、减少能耗和成本，确保设施最佳运行。它综合应用人工智能技术和优化技术，基于多个目标进行权衡优化，可以有效提升建筑性能。其流程包括建立优化数学模型、构建性能目标预测模型和应用优化算法寻找最优解。例如，进行能耗优化时，使用灰色预测模型预测能源使用，更新能源管理系统模型的约束条件和目标函数，通过机器学习和多目标优化调度各种能源，减少浪费，降低成本，提高可持续性。

（2）使用者导向优化管理则通过了解用户的需求、偏好和使用习惯，以提高用户满意度和使用效率为目标，优化设备和服务。其流程包括建立优化数学模型、构建满意度预测模型与应用优化算法搜寻最优解。

以某办公室在"疫情"下的工位布局调整为例[136]。案例建立了监督式学习驱动的办公室工位布局满意度预测模型。基于预测模型，对原始工位布局以及调整后的工位布局方案进行占用工位满意度预测。结果表明，新提出的工位布局方案中不满意工位数量为 2 个，如图 4-14 所示。

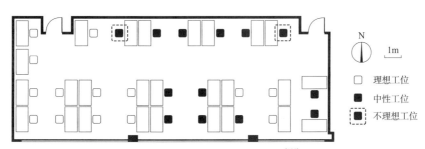

图 4-14　办公工位满意度分布预测[136]

3）自动化控制

在建筑运维阶段，自动化控制是关键的一环，其确保建筑系统的可持续性、效率和用户舒适度。随着人工智能技术的发展，多种算法被广泛应用于建筑运维的自动化控制中，如强化学习、模型预测控制（MPC）、神经网络、模糊逻辑控制和时间序列分析等。其中近年较受关注的自动化技术包括基于强化学习的自适应控制与模型预测控制。这两种控制方法具有较好的鲁棒性、稳定性和广泛的应用潜力。

（1）强化学习（Reinforcement Learning，RL），又称再励学习、评价学习或增强学习，用于描述和解决智能体（Agent）在与环境的交互过程中通过学习策略以达成回报最大化或实现特定目标的问题。基于强化学习的控制是一种无模型的最优控制策略，通过智能体与环境互动的相应经验中学习，最大限度地提高累积奖励以实现最优控制。该方法流程包括状态表示和动作选择、奖励函数设计、强化学习算法选择与自动优化控制四部分。该方法具有无需事先建模与自主策略调整的特征。

在建筑运维中，强化学习可以基于传感器和物联网技术收集到的数据训练，如设备运行数据、使用者的行为和反馈等。在进行强化学习前，首先需设计奖励函数。奖励函数是强化学习的核心，它定义了智能体在特定状态下采取某个行动将得到怎样的回报。在建筑运维中，奖励函数可能会考虑能源消耗、设备效率、用户满意度等多个因素，以确保控制策略的全面优化。在强化学习初期，算法需要进行大量的探索、尝试不同的控制策略来获得更多的信息；而在强化学习后期，算法需要更多地利用已学到的知识，执行最优的控制策略以实现建筑性能的动态优化。一旦确定了最优策略，强化学习算法会将这些策略部署到实际的设备控制中。同时，系统会持续收集设备运行数据和用户反馈，这些数据会反馈到算法中，用于进一步优化控制策略。最终，强化学习代理器在建筑运维中以一种科学、系统且持续优化的方式实现了控制策略的自动调整，从而综合提升建筑性能。

（2）模糊预测控制（MPC）是一种以模型为基础的约束最优控制策略，其目标是在有限的预测范围内最小化特定的目标函数，以寻找最优的控制行为。这种方法特别适用于输入和输出之间存在交互作用的多输入多输出系统。该流程包括建立未来一段时间内预测模型、求解优化目标下的最优未来控制输入、实施优化序列的第一个控制输入与重新预测与优化四部分。其特征包括基于模型与滚动优化。

MPC 需要构建一个能够精确描述系统动态行为的模型，并依据物理法则与实际测量数据来确定系统的参数。其通过模型预测未来的输出反应，并通过解决优化问题来确定控制输入，如最小化能源消耗或最大化舒适度。只需执行优化序列的第一个控制输入，该模型会持续地进行预测和优化，以适应模型的误差和外部扰动。MPC 作为一种在线实时处理算法，能够处理新的数据，适应系统参数的变动和未知的扰动因素，确保控制性能稳定可靠。在建筑运维中，MPC 常用于优化能源消耗，如调节空调系统以实现能效最大化。

习题：

1. 在建筑智慧运维中，物联网设备采集的数据类型可以分为（　　）和（　　）。
2. BIM 技术在智慧运维中的应用包括哪几方面？发挥怎样的作用？
3. 人因导向的优化管理具有什么特点？

思考题：

近年来，强化学习与模型预测控制由于具有较好的鲁棒性、稳定性和广泛的应用潜力而备受关注。比较说明强化学习与模型预测控制算法适用的场景有什么不同，并简述两种算法各自的优势。

4.4　建筑智慧运维工具

本节集中探讨建筑智慧运维工具，包括数据采集、信息集成、优化决策和智慧管控工具。其中①数据采集工具包括使用者行为数据采集、物理环境数据采集和设备运行数据采集工具；②信息集成工具包括数据存储、数据集成和信息可视化工具；③优化决策工具包括智能决策支持系统；④智慧管控工具包括楼宇控制自动化系统、办公自动化系统、安防自动化系统、消防自动化系统、通信自动化系统以及能源管理系统多个子系统。多类别的智慧运维工具协同实现实时数据采集、动态信息集成、智能优化决策与高效智慧管控，为建筑运维的智慧化提供工具基础。

4.4.1　数据采集工具

建筑数据采集具有数据采集总量大、数据采集类型多样的特点，因此对不同类别数据特征采用不同数据采集工具进行针对性收集。目前建筑运维阶段数据采集主要包括使用者行为数据采集、物理环境数据采集和设备运行数据采集三部分。

1）使用者行为数据采集

使用者行为数据采集即针对建筑物内外使用者行为和活动数据的采集。其能借助视频监控等工具，如监控、摄像头，实时记录并监控人们在建筑物内外的行为和活动

（图 4-15），或利用红外线进行人的行为数据采集，通过检测人员的体温辐射，确定他们的位置和移动情况。该方法可实时记录并监控人们在建筑物内外的行为和活动，并使用人脸识别和行为分析算法，更加精确地了解人流量、人流动向、异常行为等，以便及时响应和管理。

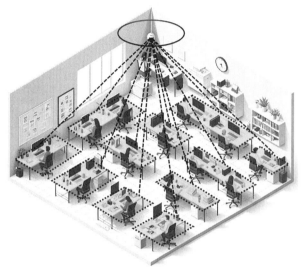

图 4-15　人员在室状态智慧监测

2）物理环境数据采集

物理环境数据采集工具是针对建筑物理环境条件的实时采集。所采用的工具主要包括光、运动、温度、磁场、重力、湿度、水分、振动、压力、电场、声音等各类传感器以及气象站（图 4-16），例如，温湿度传感器能够实时监测建筑内的气候条件，而光照传感器则可以探测环境光线的强度。此外，还有空气质量传感器、烟雾探测器等，用以实时监测环境质量和安全性。这些传感器可以将温度、压力、振动、声音、光、位移等转换成相应的电信号，再经过放大、滤波、整形等处理，使其成为易于传

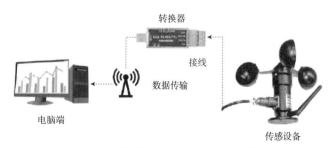

图 4-16　ZIGBEE 无线户外风速传感器 [138]

输的数字或模拟信号。通过物联网（IoT）技术，这些传感器可以将数据实时传输到中央监控系统，以便于进行更高效和精确的运维管理。

3）设备运行数据采集

建筑运维阶段采集的设备运行数据包括暖通空调系统（HVAC）、电力系统、给水排水系统、电梯、安全系统等设备的运行状态数据、能耗数据、系统效率数据及维护数据等。其中，运行状态数据包括设备开/关状态、故障代码、运行时间等；能耗数据包括电力、水、天然气等的消耗数据；系统效率数据包括供热、供冷、照明和通风系统的效率；维护数据包括维护记录、维修历史等。在建筑运维阶段主要通过建筑设备监控系统和能效监管系统对设备运行数据进行采集与监控。通过实时采集，运维团队能够及时响应性能变化，优化能耗，并通过预测性维护降低停机时间，从而提升整体运营效率和建筑性能。

设备运行数据采集工具主要包括建筑设备监控系统。建筑设备监控系统是将与建筑物有关的暖通空调、给水排水、电力、照明、运输等设备集中监视、控制和管理的综合性系统。在建筑设备监控系统中，设备信息的传输通过楼宇自动控制网络数据通信协议实现。

数据通信协议，也称为数据通信控制协议，是一系列的约定，用于保证数据通信网中通信双方的有效、可靠通信。这些约定包括数据的格式、顺序、速率、传输确认或拒收、差错检测、重传控制和询问等操作。数据通信协议的国际标准包括CCITT建议和ISO标准。国际标准化组织（ISO）于1984年提出开放系统互连参考模型（OSI模型），将开放系统的通信功能划分为应用层、表示层、会话层、运输层、网络层、数据链路层和物理层等七个层次，如图4-17所示。

OSI模型			
层级	名称	英文	常用协议
7	应用层	Application Layer	HTTP、FTP、SMTP、POP3、TELNET、NNTP、IMAP4 FINGER
6	表示层	Presentation Layer	LPP、NBSSP
5	会话层	Session Layer	SSL、TLS、DAP、LDAP
4	传输层	Transport Layer	TCP、UDP
3	网格层	Network Layer	IP、ICMP、RIP、IGMP、OSPF
2	数据链路层	Data Link Layer	以太网、网卡、交换机、PPTP、L2TP、ARP、ATMP
1	物理层	Physical Layer	物理线路、光纤、中继器、集线器、双绞线

图 4-17　OSI 模型层次 [165]

应用层负责为应用程序或用户请求提供各种请求服务；表示层用于数据编码、格式转换与数据加密；会话层接收来自传输层的数据，用于创建、管理和维护表示层实体之间的通信会话；传输层建立主机端到端的链接；网络层负责进行 IP 选址及路由选择，建立、维持和终止网络的连接；数据链路层负责提供介质访问和链路管理；物理层管理通信设备和网络媒体之间的互联互通。

智慧运维常用的通信协议包括 BACnet、Lonworks、TCP/IP、Modbus 和 KNX 等。其中，BACnet 协议最为常用。BACnet 即楼宇自动控制网络数据通信协议，规范楼宇内空调、给水排水和供配电等设备自动控制系统的互联，是更具开放性和互操作性的统一标准协议。其由美国暖通、空调和制冷工程师协会（ASHRAE）开发，旨在克服楼宇自控系统网络标准化不足的问题。相较于其余通信协议，BACnet 协议为楼宇自控专用网，具有楼宇自控所需的特有功能和特性，有良好的扩展性；同时协议完全开放、技术先进，没有商业技术机密和使用授权问题；此外，该协议还具有广泛的权威性。

BACnet 协议为不同设备和系统之间信息的集成提供了基础，通过定义明确的数据交换规则，来自不同制造商的设备能够无缝地交换信息，从而简化了数据采集和监控过程，有利于运维团队选择最适合其需求的设备，同时保持系统的一致性和兼容性。

BACnet 建立在包含物理层、数据链路层、网络层和应用层等四个层次的简化分层体系结构上，对应 OSI 模型的相应层次，见表 4-1。物理层提供设备连接和数据传输载波信号，数据链路层管理通信介质访问、寻址、差错校正和流控制。BACnet 网络由中继器或网桥互联的多个物理网段组成，但具有单一的局部地址空间。网络层通过包含必要的寻径和控制信息的头部，完成简化网络层功能。应用层为应用程序提供通信服务，监控和控制 HVAC&R 和其他楼宇自动控制系统。

BACnet 简化分层体系   表 4-1

BACnet 的协议层次				对应的 OSI 层次
BACnet 应用层				应用层
BACnet 网络层				网络层
ISO 8802-2（IEEE 802.2）类型 1	MS/TP（主从 / 令牌传递）	PIP（点到点协议）	LonTalk	数据链路层
ISO 8802-3（IEEE 802.3）	ARCNET	EIA-485（RS485）	EIA-232（RS232）		物理层

楼宇自动控制网络数据通信协议的高度标准化为设备运行数据信息的统一采集提供了可能性，为智慧运维的综合分析、决策与控制提供关键数据支持，是运维智慧化实现的基础。

4.4.2　信息集成工具

智慧运维系统的建设要满足人与人、人与物、物与物之间的信息交流，通过信息交流达到信息传输、信息存储、信息显示、信息应用及信息控制等目的。信息交流通过通信完成，通过服务完善。

信息集成工具功能主要包括信息传输、信息存储与信息可视化三大板块，是建筑智慧运维的核心组成部分。它确保不同来源的数据被整合到一个一体化的数据视图中，以支持决策制定、故障排除和性能优化等任务。

信息设施系统（Information Technology System Infrastructure）为常用的信息集成工具。该系统是为确保建筑物与外部信息通信网的互联及信息畅通，对语音、数据、图像和多媒体等各类信息予以接收、交换、传输、存储、检索和显示等综合处理的多类信息设备系统加以组合，提供实现建筑物业务及管理等应用功能的信息通信基础设施。

1）信息传输

信息传输是从一端将命令或状态信息经信道传送到另一端，并被对方所接收，包括传送和接收两个过程。传输介质分有线和无线两种。信息传输过程中不能改变信息，信息本身也并不能被传送或接收，必须有载体，如数据、语言、信号等方式，且传送方面和接收方面对载体有共同解释。

智慧运维中信息传输的关键工具之一是信息网络系统（Information Network System，INS）。INS 运用计算机技术、通信技术、多媒体技术、信息安全技术和行为科学等领域知识，由相关设备构成，旨在实现信息传递、处理、共享，并在此基础上开展各种业务。按功能分，信息网络系统可划分为业务信息网和智能化设施信息网。系统由物理线缆层、网络交换层、安全及安全管理系统、运行维护管理系统等组成，支持建筑内包括语音、数据、图像在内的多种类信息传输。

为保证传输信息的类别、格式和内容的质量与完善程度，运维信息交换标准被提出。其中，施工运营建筑信息交换标准（COBie），由美国陆军工兵单位于 2007 年发布，主要用于设计、施工、运营阶段和管理过程中信息获取标准化。COBie 辅助电子方式捕获和记录重要项目数据，如设备清单、产品数据表、保修、备件清单和预防性维护计划。这些信息对于支持运营、维护和资产管理至关重要。COBie 标准要求明确所有计划或标记设备的类型和位置，包括品牌、型号、序列号、标签、安装日期、保修和定期维护情况的详细记录。

COBie 包含 4 个主要特征，①它是以非几何信息的表达和收集为主；②它是以设备设施长期运营及维护的信息需求为考量；③它除了能以 Excel 格式来呈现外，还能用 XML、IFCXML、IFC 等格式来表达；④它能从 BIM 模型中获取所需要的空间、设备等相关信息。

2）信息存储

信息存储是将数据保存在物理或逻辑存储介质中，以便在未来的时间内进行检索、分析和处理。在建筑运维阶段，信息存储保证了设备运行记录的持久性和完整性，并为未来的维护和升级决策提供了依据，是信息集成的基础。

智慧运维中数据库系统负责存储、管理和分析从物联网节点传来的大量数据。数据库系统是为适应数据处理的需要而发展起来的一种较为理想的数据处理系统，是存储介质、处理对象和管理系统的集合体。数据库系统由数据库、相应硬件与软件组成。

数据库是"按照数据结构来组织、存储和管理数据的仓库"。为了提高数据处理和查询效率，当今最常见的数据库通常以行和列的形式将数据存储在一系列的表中，支持用户便捷地访问、管理、修改、更新、控制和组织数据。另外，大多数数据库都使用结构化查询语言（SQL）来编写和查询数据。

硬件为构成计算机系统的各种物理设备，包括存储所需的外部设备，如服务器和硬盘等。硬件是数据库系统的物理基础，它们为大量的运行数据提供了安全可靠的存储空间。这些硬件设备采用了高度可靠和安全的技术，确保数据的完整性和安全性，防止数据的丢失和篡改，为建筑运维提供持久和可靠的数据支持。

软件包括操作系统、数据库管理系统及应用程序。其中，数据库管理系统（Database Management System，DBMS）是数据库系统的核心软件，是在操作系统的支持下工作，解决如何科学地组织和存储数据，如何高效获取和维护数据的系统软件。它对数据库进行统一的管理和控制，以保证数据库的安全性和完整性。用户通过 DBMS 访问数据库中的数据，数据库管理员也通过 DBMS 进行数据库的维护工作。它支持多个应用程序和用户使用不同的方法在相同或不同的时刻去建立、修改和询问数据库。其具有数据定义、数据操作、数据存储与管理、数据维护、通信等功能。目前市场上比较流行的数据库管理系统产品主要包括 Oracle、IBM、Microsoft 和 Sybase、Mysql 等公司的产品。

3）信息可视化

信息可视化是将所运维的服务、资源、设备的状态和正在发生的事件通过可视化的手段呈现出来，指导运维人员做出正确的运维决策。某种程度上，运维与可视化相辅相成，可视化程度越高，运维就越简单，效率也就越高。信息可视化将运维数据具象化、透明化，让运维数据更好地为运维服务。信息可视化工具包括可视化运维管理平台。

可视化运维管理平台是基于数字孪生理念，结合三维可视化平台，通过精细化三维建模，对建筑、设备、环境等进行真实立体化复现，直观反映建筑内人员、设备位置、设备运行状态等信息，满足多样化展示需求，如图 4-18 所示。

可视化运维管理平台主要由虚拟模型、实时数据采集单元、数据分析与处理单元、可视化展示平台以及交互界面五部分组成。虚拟模型是数字孪生理念的核心，模拟建筑的实体结构和内部设施，能实时反映现实中的变化，是大屏可视化的基础。实时数据采集单元通过传感器和物联网技术实时采集建筑的运行数据，如温度、湿度、

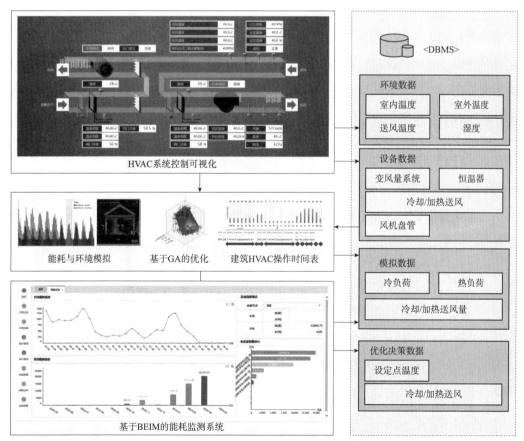

图 4-18　基于数字孪生理念的可视化大屏 [145]

能耗等，实现快速、准确的数据传输和处理。数据分析与处理单元利用大数据和人工智能技术对收集来的数据进行分析与处理，提炼出有价值的信息和洞察，辅助决策制定。可视化展示平台通过图表、图像、3D 模型等多种方式将数据以直观、清晰的形式展现在大屏上，便于用户理解和操作。交互界面是实现人机交互的基础，用户可通过交互界面对建筑设施进行管理和调控，提高运维效率。

信息集成工具在建筑智慧运维中发挥着关键作用，它们整合多维数据，为建筑管理提供全面的洞察力，并支持数据驱动的决策制定和优化。这有助于实现建筑运维的智能化、高效化和可持续。

4.4.3 优化决策工具

建筑智慧运维旨在提高建筑运营的质量和效率，以降低成本、延长建筑寿命周期，并改善居住者和工作人员的体验。为了实现这一目标，各种优化决策工具被广泛使用，其中智能决策支持系统是典型工具之一。

智能决策支持系统（IDSS）是人工智能（AI）和决策支持系统（DSS）相结合，应用专家系统技术，使 DSS 能够更充分地应用人类的知识，如关于决策问题的描述性知识、决策过程中的过程性知识、求解问题的推理性知识。DSS 是通过逻辑推理来帮助解决复杂的决策问题的辅助决策系统。运维阶段利用智能决策支持系统可以帮助建筑运维人员做出更明智的决策。其由美国学者波恩切克（Bonczek）所提出。

智能决策支持系统的具体作用体现在异常预警、设备健康评估与能源管理和优化三方面。

1）异常预警

当系统检测到异常情况时，它可以生成警报，使运维人员能够及时采取行动，防止设备故障或性能下降。

2）设备健康评估

系统能够分析设备的工作状态和性能趋势，预测设备故障的可能性，并建议维护或更换设备的最佳时机，从而降低维修成本和减少停机时间。

3）能源管理和优化

系统可以监控建筑的能源消耗情况，并提供优化建议，以减少能源浪费。这有助于降低能源成本、提高建筑的可持续性，并实现环境可持续性目标。

智能决策支持系统包括数据处理层、模型层、知识层、用户界面层以及智能代理五部分。①数据处理层负责收集、处理、转换和存储数据。②模型层通过训练和验证的算法模型分析和解释数据，包括数据挖掘与机器学习模型、优化模型和模拟模型，用于识别模式、分类、预测和确定最优解。③知识层管理专业知识和经验，包含知识库、知识管理模块和推理引擎，负责存储领域知识和进行推理解释。④用户界面层作为系统与用户互动的前端，包含可视化工具、交互式界面和报告文档生成器。⑤智能代理则是一种能够学习、推理、自适应、自解释和与用户交互的软件实体，为用户提供个性化建议和解决方案。这些层次共同工作，使智能决策支持系统能够高效、科学地进行决策支持。图 4-19 是一个智能决策支持系统的具体架构案例。

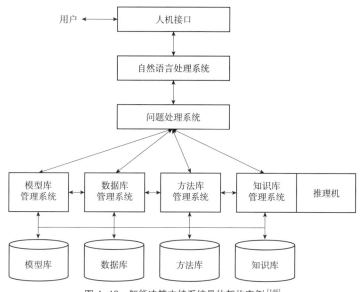

图 4-19　智能决策支持系统具体架构案例[146]

以 2022 年北京冬奥会雪地摩托雪橇场馆为例[133]，运用智能建筑运维决策控制平台，基于 GNSS-DTs 技术分析物理空间实际需求，依托虚拟空间算法库、模型库和知识库支持，以及信息层的数据处理能力，实时监控运维过程、智能诊断运维对象状态、科学预警问题位置，及时作出补救或辅助决策（图 4-20）。在虚拟空间中进行辅助决策的可行性分析，输出正确措施，结合人机交互系统指导真实物理空间运维。该平台对维护后的信息进行持续实时分析，形成运维过程的智能闭环控制。

4.4.4　智慧管控工具

智慧管控工具，是基于现代信息科技、大数据、人工智能等先进技术发展而来，可以进行实时数据采集、深度分析和智能决策，从而对各种设备和系统进行精确控制

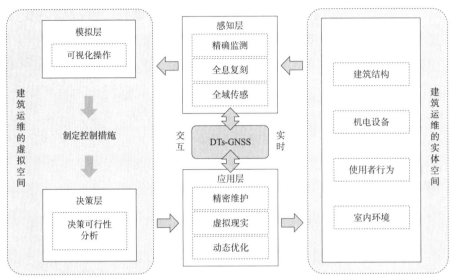

图 4-20　基于 GNSS-DTs 的智能运维平台架构[133]

和优化管理的集成工具，显著提升了运维管理的效率和灵活性。智能化集成系统是高效先进的智慧管控工具代表之一。

智能化集成系统（IBMS）是一种允许对所有楼宇系统进行集中管理和控制的系统，还包括对其环境的控制，包括停车位、通道、视频监控、充电站等。智能化系统架构可以分为三层：现场层、网络通信层和管理层。

智能化集成系统涵盖楼宇自动化系统（BAS）、通信自动化系统（CAS）、办公自动化系统（OAS）、消防自动化系统（FAS）、安防自动化系统（SAS）以及能源管理系统（EMS）多个子系统，如图 4-21 所示。

1）楼宇自动化系统（BAS）

楼宇自动化系统（BAS），也称为楼宇管理系统（BMS）或楼宇能源管理系统（BEMS），是对楼宇的 HVAC（供暖、通风和空调）、电气、照明、遮阳、门禁、安防系统的自动集中控制和相互关联的系统。它将计算机技术、测量控制技术、网络数字通信技术、显示技术与人机界面技术相结合，以微处理器为基础。

在层级上，楼宇自动控制系统（BAS）包括控制器、传感器、执行器等部分构成。控制器作为系统的核心，承担着接收传感器数据、基于预设策略和算法做出决策、向执行器下发控制命令的重要角色，如图 4-22 所示。例如，当室内温度低于设定值时，控制器指令加热设备将启动。控制器本质是一个具备输入输出功能的小型专用计算机，其尺寸和功能多样，用于控制建筑中常见设备及子网络，如可编程逻辑控制

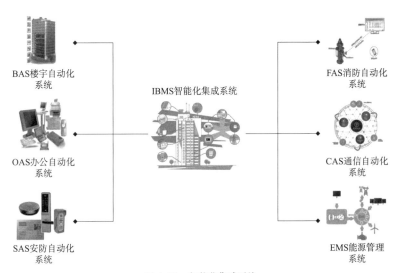

图 4-21　智能化集成系统

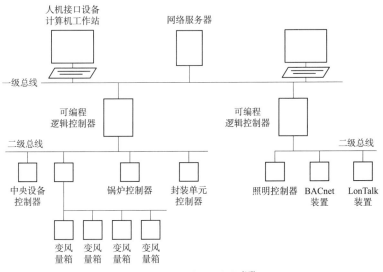

图 4-22　BAS 控制器架构[147]

器（PLC）、系统 / 网络控制器和终端单元控制器。控制器输入信息包括温度、湿度、压力、电流、气流等基本因素，输出信息则是发送给设备和系统其他部分的命令和控制信号。

传感器被部署于建筑各处，实时监测环境参数如温度、湿度、光照和空气质量，并将数据传输至控制器。作为系统的感知器官，传感器为系统做出准确响应提供了前提。

执行器接收控制器的命令并转化为物理行动，如开启或关闭阀门、调节灯光亮度，是系统的执行者，负责实施具体控制行动。用户界面允许运维人员与系统交互，设定控制策略、调整设定值、查看系统状态和接收报警信息，是系统与用户沟通的桥梁。此外，网络通信负责传输控制信息和数据，保障系统各部分实时、准确地沟通交流，是信息传输的通道；数据库存储大量传感器数据，为运维人员提供历史数据参考，利用这些数据进行分析和优化、提升系统运行效率，是数据存储和分析中心。

江亿院士团队提出，对应空间的控制子系统也可以看作是建筑自动化系统空间上的基本单元，即空间单元。空间单元完成空间内所有机电设备的集成控制，包括空调末端、排风、照明、插座、门禁、电动窗或窗帘、火灾探测器等，为空间内用户营造舒适、健康、安全的环境，并保证设备安全节能运行。

作为科技创新产物，BAS 广泛应用于商业建筑、民用建筑、体育设施等，大幅提升了运维效率与运维效果。BAS 有效实现室内温度、湿度、光照度的合理控制；帮助运维管理人员选择合适的能源使用方案，节约能源消耗，实现低碳节能；通过自动化巡检和运行监测有效延长设备使用寿命，提早发现故障并进行报警提醒，降低运行风险，确保设备安全平稳运行。

2）能源管理系统（EMS）

能源管理系统（EMS）是一种专门用于监测、控制和优化能源使用的系统。它通过集中采集和分析用户端水、气、煤、油、电和热（冷）量等能源的使用情况，细分和统计所有能耗，并以直观的数据和图表向建筑运维管理人员展示能源使用情况。这有助于识别高耗能点或不合理的耗能习惯，有效节约能源，并为节能改造或设备升级提供数据支撑。

能源管理系统由六大部分组成：数据采集单元、数据处理与分析单元、控制单元、用户界面、决策支持系统和通信网络。①数据采集单元通过传感器和计量设备实时收集和记录各种能源消耗数据。②数据处理与分析单元对收集的数据进行清洗、处理和分析，生成关于能源使用效率、消耗模式和节能措施的详细报告，帮助运维人员深入了解能源消耗情况并制定节能策略。③控制单元执行能源管理策略，包括能源调度、设备控制、负荷管理等，实时优化能源消耗。④用户界面提供直观方式查看、分析和管理能源数据，允许用户访问报告、设置策略和查看实时数据。⑤决策支持系统基于历史数据、预测模型和优化算法，为运维人员提供最佳能源管理建议。⑥通信网络连接各个单元，确保数据的准确、实时和安全传输。

每个组成部分在确保能源管理系统的高效、准确和稳定运行中都发挥着关键作用。通过该系统，运维人员可以更科学、有效地管理能源使用，实现节能、降低成本，并减少环境影响。

3）其他建筑自动化管理系统

办公自动化系统是以物业管理、公共信息服务、智能卡管理、商场管理为重点的应用软件系统。通信自动化系统是保证建筑物内语音、数据、图像传输的基础，同时与外部通信网（如电话公网、数据网、计算机网、卫星以及广电网）相连，与世界各地互通信息。安防自动化系统主要是由闭路监控系统、防盗报警系统以及停车管理系统组成，通过实时监控和报警功能，确保楼宇的安全。消防自动化系统是预防火灾的关键，它可以实时监控楼宇内的火源、烟雾等，并在发现异常时自动报警和启动灭火设备，以最大程度上减少火灾带来的损失。

智能楼宇综合管理系统通过将上述各个子系统集成一个整体，实现对楼宇内所有活动和设备的全面、细致、实时的管理。这套系统不仅提高了楼宇管理的效率和精确度，还显著增强了楼宇的安全性、舒适性和可持续性。

习题：

1. 建筑智慧运维阶段数据采集具有什么特点？

2. 数据集成是把一组（　　　）、（　　　）数据源中的数据进行逻辑或物理上的（　　　），并对外提供统一的访问接口，从而实现全面的（　　　）。

3. 智能楼宇综合管理系统由哪几个部分组成？

思考题：

思考建筑智慧运维中用到的数据采集工具、信息集成工具、优化决策工具以及智慧管控工具如何协同运行，从而实现在数据分析和优化决策上的协同作用。

4.5　本章小结

本章主要介绍了建筑智慧运维的相关理论，智慧运维安全与防灾、资源节约与利用、健康与舒适、服务与便利等四个主要目标下的运维方法，智慧运维过程中采用的技术——包括物联网、BIM 技术、云计算与人工智能，最后介绍了建筑智慧运维的工具，包括数据采集、信息集成、优化决策和智慧管控工具。相比于传统的运维方式，智慧运维通过集成先进的信息技术，实现对建筑物的高效管理和运营，以优化能源消耗、提高运营效率和确保建筑物的可持续性。智慧运维与智慧设计、智慧建造密切协同，助力建筑全生命周期的智能化升级。

第 5 章
智慧建筑案例

前文详细阐述了智慧建筑与建造的相关理论、方法以及技术工具。智慧建筑的全面推动需要耦合智慧设计、智慧建造与智慧运维，发挥其建筑工程全生命期的重要作用。本章以工程实践为导向，选取多尺度、多情景、多地域工程实践案例，全面展示智慧建筑技术方法的部署与落地过程。首先介绍设计、建造、运维阶段的智慧建筑技术应用，进而选取典型案例介绍智慧技术在建筑全生命周期中的整合应用。

5.1 建筑智慧设计案例

5.1.1 展览中心形态智慧设计

案例旨在中国北方某城市的一个人工生态湿地边的建筑基地上设计一个生态湿地展览中心，以提供市民一个休闲娱乐场所。设计任务要求展览中心面积约为 4000（±400）m²，层数为 2~3 层。建筑基地三面紧邻道路，基地南侧紧邻人工生态湿地。基地的东西两侧都是城市办公用地，为多层写字楼。基地北侧为居住用地，为多层住宅区，人工生态湿地南侧为商住混合用地[148]（图 5-1）。

案例通过基于图像翻译的方法生成多样性的建筑体量设计方案。展览中心设计使用 QDG-system，采用人机协作的方式进行建筑体量生成设计。建筑师首先对设计任务解读，应用 Rhinoceros 建立基地及周边环境的 3D 模型。为了应用 QDG-system，将 3D 模型信息标注并降维处理导入程序，根据所梳理出的基本条件信息调用对应的

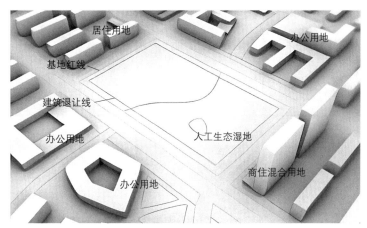

图 5-1　建筑基地及周边场地模型[148]

方案库，根据所输入的基地及其周边信息进行建筑体量设计。在本次设计任务中，建筑师应用接近动态平衡的"训练过程文件"（训练过程文件以每 150 次迭代计算，保留一次训练结果）展开设计，完成概念方案体量生成设计，并自动保存所生成的设计结果。

QDG-system 在 Rhinoceros 平台中生成 3D 建筑体量模型供建筑师比较分析，该过程以自动化的方式重复执行直到深度神经网络持续设计过程结束，其中部分建筑体量如图 5-2 所示。设计者通过主观评价、比较分析，最终选择编号 #4650 体量作为本次设计任务的概念方案，用以展开进一步设计。

基于生成的建筑体量展开进一步设计。设计者依此形态提出了"Eco-hill"（生态山丘）的设计理念，尝试将生态湿地中心打造成一个生态自然，充满活力的"生态山丘"，最终生态中心的设计结果见图 5-3。

结合具体设计任务，建筑师对基于图像翻译的建筑体量基础生成设计方法及平台系统展开了应用，对于本次研究利用的 QDG-system 平台系统——建筑师专属 AI 助理建筑师进行了验证。与传统的设计方法相比：首先，该方法提高了设计效率，本次设计采用深度神经网络持续生成设计的方式，平台系统生成建筑体量的平均时长在 1.5~2.5 分钟，为设计师节省了时间和精力。其次，设计中平台系统所生成的 22 个体量与其所在基地的空间关系合理，不存在不可用的建筑体量，全部设计结果都用于设计深化，能够为建筑师设计提供设计思路。最后，本项目应用 SUS（System Usability Scale）系统可用性量表，从更大范围人群对其展开了调研。该平台系统 SUS 得分为 72.1，证明其具有良好的可用性，其设计辅助作用能够获得广泛认可。

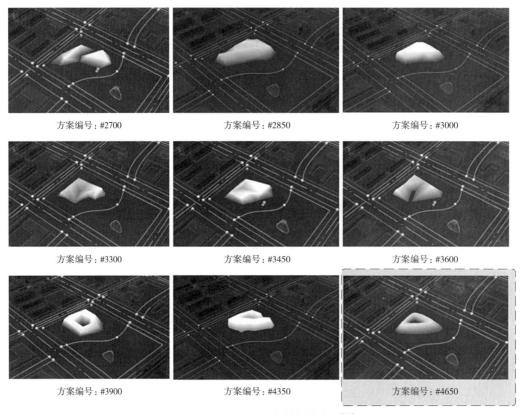

方案编号：#2700　　　　　　方案编号：#2850　　　　　　方案编号：#3000

方案编号：#3300　　　　　　方案编号：#3450　　　　　　方案编号：#3600

方案编号：#3900　　　　　　方案编号：#4350　　　　　　方案编号：#4650

图 5-2　QDG-system 生成的建筑体量 [148]

（a）鸟瞰图 a　　　　　　　（b）鸟瞰图 b　　　　　　　（c）透视图

图 5-3　生态中心设计结果 [148]

5.1.2　办公楼表皮智慧设计

　　某办公楼案例需要引入自适应表皮系统以提高舒适性，设计目标是减少照度过明面积，降低照度不足面积，减少日光眩光概率，并最小化自适应表皮的运动能耗 [149]。

　　自适应表皮形态与形变设计需兼顾美观性、经济性和可操作性，统筹考虑建筑自适应表皮对建筑绿色性能的优化效果及其运维过程的传动功耗。首先利用 AF Formfinder 程序结合镶嵌几何原理和拓扑生形策略生成自适应表皮的初始形态，采用多边形镶嵌算法生成表皮单元形态。通过调整参数 t（新生比例）来控制表皮的形态变化，从 0 到 1 变化时，正三角形正则镶嵌中新生表皮单元逐步演化为正六边形，见图 5-4（a），正方形正则镶嵌中新生成表皮单元与初始镶嵌单元一致，见图 5-4（b），正六边形演变为正三角形，见图 5-4（c）。

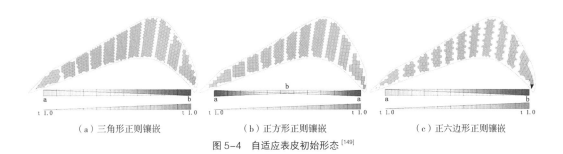

（a）三角形正则镶嵌　　　　　　　　（b）正方形正则镶嵌　　　　　　　　（c）正六边形正则镶嵌

图 5-4　自适应表皮初始形态 [149]

表皮形态生成后，进行自适应表皮形变设计，对比旋转、平移和折叠等 3 种形变方式。旋转形变方式可能导致表皮单元或框架碰撞，而平移的形变方式将表皮单元限制在单一平面内运动，不利于室内光环境的调节。折叠的运动方式综合了平移和旋转形变方式的优点，而且包含线性折叠、对角线折叠、旋转折叠等多种形变方式。最终选择了折叠形变方式，并进行一次折叠。

形态与形变的自适应表皮确定后再进行形态设计参量优化。首先明确参量优化逻辑，包括表皮单元边长（Unit）、镶嵌样式（Style）以及新生表皮比例（Ratio），其中镶嵌样式指前文选出的 3 种表皮单元初始形态。实践优化目标包括照度过量面积百分比（Over Daylit Area Percentage，OAP）、照度不足面积百分比（Partially Daylit Area Percentage，PAP）、日光眩光概率（DGP）和自适应表皮每日累计运动量（Cumulative Movement，CM）。

接下来进行预测模型的构建。设计应用拉丁超立方采样技术与人工神经网络建模技术构建多目标优化设计过程中的适应度函数评价神经网络模型。首先对性能进行验证，对采集的 200 组立面表皮单元尺寸、镶嵌样式和新生比例设计，样本分布趋势一致的数据输入建筑性能模拟模型获取相应性能目标并组成训练数据集，展开神经网络预测模型训练，模型结果证明其精度较高（图 5-5）。

随后调用遗传算法模拟优化两类办公室，分别对单元式办公室和开敞式办公室分别进行 50 代迭代运算，最终获得 198 组和 199 组非支配解（图 5-6）。为了降低高维非支配解的决策难度，在各维度间开展相关性分析。观察其两两之间的相关性，相

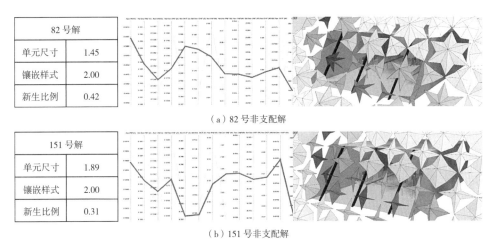

82 号解	
单元尺寸	1.45
镶嵌样式	2.00
新生比例	0.42

（a）82 号非支配解

151 号解	
单元尺寸	1.89
镶嵌样式	2.00
新生比例	0.31

（b）151 号非支配解

图 5-7　82 号和 151 号非支配解[149]

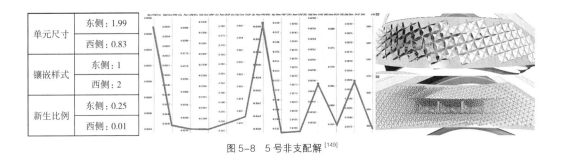

单元尺寸	东侧：1.99
	西侧：0.83
镶嵌样式	东侧：1
	西侧：2
新生比例	东侧：0.25
	西侧：0.01

图 5-8　5 号非支配解[149]

图 5-9　最终设计效果[149]

办公楼表皮智慧设计有效提高了建筑的性能，包括降低了照度过量面积、减少了照度不足面积、降低了日光眩光概率等，并实现了自适应表皮的有效运动。总体看来，本次办公楼表皮的设计证明了：通过自适应表皮智慧设计，可以提高建筑的绿色性能，包括能源效率和视觉舒适性；设计过程中，采用多目标优化方法，综合考虑多个性能目标，可以实现性能的平衡优化；借助相关性分析和 SOM 聚类分析，有效降低了高维度数据的决策难度，提高了决策的精度。最终的设计决策符合建筑施工要求，具备美学品质和功能性。

5.1.3　住区强排方案智慧设计

案例旨在利用 CGAN 模型生成居住区强排方案总平面图。开发的 CGAN 模型首先进行了 3 种不同模式的训练数据集的比较选择；随后利用居住区生成器网络与居住区判别器网络共同对抗博弈；调节生成器与判别器网络权重后，对模型进行训练和调优，最终形成 CGAN 模型，CGAN 模型可用于完成城市路网规划、城市肌理生成、街区规划方案设计、建筑手绘以及草图生成、建筑平面功能分区等设计。本案例使用开发的 CGAN 模型对位于南京市的某居住区以其轮廓图像为模型输入，进行强排方案生成[150]（图 5-10）。

强排方案首先利用 CGAN 模型生成，再依照生成的强排方案进行日照模拟分析以验证设计方案是否符合规范要求。为达成 CGAN 强排方案生成，首先要进行数据准备：收集住宅区域的图片数据作为训练数据集，分别为模式 a 数据集：居住区轮廓图像（色块图）与强排方案总平面图（图底关系图）；模式 b 数据集：居住区轮廓图像（轮廓线）与强排方案总平面图（图底关系图）；模式 c 数据集：居住区轮廓图像（色块图）与强排方案总平面图（卫星图像）。依据图像结构相似性算法（Structural Similarity Index，SSIM）进行真实度验证；利用 QGIS 读取研究区 shapefile 格式文件，根据建筑位置属性与层数信息的对应关系，对居住区进行分类，并依据容积率对各类居住区样本进行筛选；改变图层显示模式，居住区内不同层高的建筑以不同灰度数值表示，层数越高灰度数值越小。最终可以获得数据集。

图 5-10　居住区地块卫星图像[150]

依照数据集，使用不同模式的 CGAN 模型进行训练，选择最适合的模型。利用编程平台对高层、多层、低层居住区 CGAN 模型进行构建。模型的输入为居住区轮廓图像，输出为居住区强排方案总平面图。模型训练参数分为优化器超参数与模型超参数。综合考虑生成图像质量与训练时间成本，优化器超参数中的迭代次数设置为 500 次，初始学习率设置为 0.0002（图 5-11）。

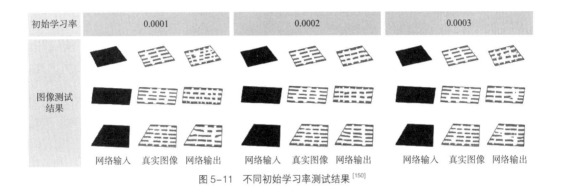

图 5-11　不同初始学习率测试结果[150]

依据选择的 CGAN 模型生成住宅区域的强排设计。首先将各居住区轮廓向内偏移一定尺寸得到建筑控制线轮廓，高层居住区偏移尺寸为 10m，多层与低层为 6m，并将它们按照相同比例导出，制作成网络模型可读取的格式。然后将其输入至训练好的低层、多层、高层居住区 CGAN 模型，并得到相应的低层、多层、高层强排设计方案总平面图。

为了验证生成的强排设计，进行日照模拟。第一步是进行数据的收集，基于 Rhinoceros 参数化设计工具及其插件 Grasshopper、Ladybug 进行日照模拟数据收集。在气象数据网站上获取当地气象数据文件（.epw 格式），读取气象数据文件中的位置信息，从而获取太阳轨迹信息。再导入居住区建筑几何模型与测试平面，设置边界条件与模拟参数，得到居住区建筑日照时数，模拟结果如图 5-12 所示。结果表明，低层居住区方案内的测点可满足大寒日 2h 日照要求。

本案例利用 CGAN 模型最终生成了低层、多层和高层居住区的强排设计方案，这些方案具有不同的容积率，符合强排设计要求。同时通过日照模拟分析，验证了这些方案的可行性，不同类型的居住区具有不同的日照性能。

利用 CGAN 模型这一智慧手段进行设计方案生成，提高了效率，减少了设计时间和成本；生成的设计方案可以作为城市规划和建筑设计的有用参考，达到有效利用土地资源的目的；通过日照模拟分析，确保生成的设计方案符合规范要求，提高了设计

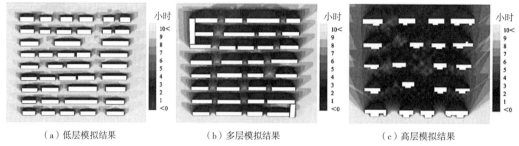

（a）低层模拟结果　　　　　　（b）多层模拟结果　　　　　　（c）高层模拟结果

图 5-12　低层、多层、高层居住区方案日照模拟结果[150]

的质量。相较于传统设计来说，CGAN 模型更加快速全面地进行了强排设计，可在 3s 内生成居住区强排设计方案，提高了居住区方案设计效率，实现大规模数据的自动化处理，以科学的方式进行数据的整合和模拟。通过不断地扩展数据集，最终可以完全地取代人工在这一环节的作用。

5.2　建筑智慧建造案例

5.2.1　钢结构空间桁架智慧建造

某游泳馆占地面积 12399m²，总建筑面积 23062m²，观众座席数为 2562，建筑高度 29.6m，主体结构形式为钢筋混凝土框架结构，屋顶为钢结构空间桁架结构。项目旨在应用 P-BIM（项目信息建模）技术从建筑设计到数控加工制造的各个阶段，以改进工作流程和数据交互[151]。

基于 P-BIM 的技术应用流程在各个阶段不存在明显的脱节现象，支持模型与图档的关联修改与自动更新，可使数据的转换和联动更为流畅，保证了信息的完整性和实时性，使各专业能较早地并行工作。同时可通过"碰撞校核"及时发现并纠正模型中的问题，从而实现工程项目的平稳设计和建造，以降低成本，提高效率。

P-BIM 的应用在奥林匹克中心游泳馆的建造中贯穿始终，在建筑设计阶段，可使用 Rhino 和 Revit 软件建立三维模型，将定位轴线、建筑轮廓以及初步的结构构件定位尺寸、形状等几何信息结合二维图纸，传递给结构工程师（图 5-13）。

在结构设计与分析阶段可使用 Revit Structure 进行分析计算和结构建模，确保构件的定位关系、标高、构件位置与截面形式准确，以及总尺寸、分尺寸（线性尺寸、角度尺寸、截面半径尺寸）等。

在详图深化设计阶段，根据导出的 IFC 数据模式模型，可使用 Tekla Structure 建立钢结构三维信息模型，直观而准确地确定构件的空间位置关系和连接方式

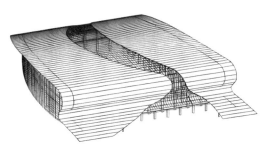
（a）游泳馆 Revit 建筑模型

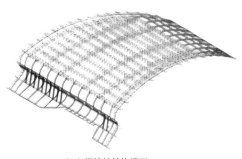
（b）游泳馆结构模型

图 5-13　游泳馆三维模型[151]

（图 5-14）。再结合二维的节点详图，注明螺栓规格、孔径、大小、坡口形式、杆件截面形式和尺寸信息、节点安装信息（如螺栓、焊缝等）、加工特征等。同时在此基础上进行碰撞测试，以发现和纠正设计问题。

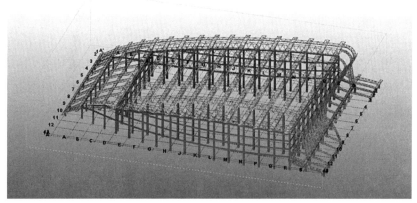

图 5-14　Tekla Structure 钢结构模型[151]

　　在数控加工制造阶段，利用 Tekla 三维信息模型和设计图纸标注的尺寸和加工制造工艺等要求，进行数学放样，即通过数学计算得到准确的各展开点的坐标点数据，对各点进行光顺处理，得到形状误差较小的图形数据信息，生成钢结构构件的几何展开图和数控加工详图（图 5-15）。

　　最后，将其中发现的问题标注在模型以及图纸中，并行上传至共享模型库，反馈给设计师用以改进和完善设计方案。之后结合库存情况将所有零件图形按板材厚度、材质等特性进行分类，应用 FastCAM 自动排版套料并设定加工路径，开始数控加工制造，进而完成装配施工。

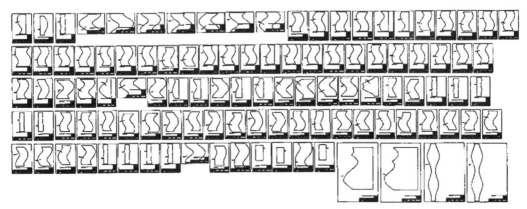

图 5-15　钢结构数控加工详图 [151]

P-BIM 技术通过对钢结构建筑项目从建筑设计到数字化加工制造阶段，模型建立流程及数据要求的分析，提出基于数字化加工制造的应用技术流程框架和信息交互框架，简化了钢结构数字化加工制造流程。模型中包含的各类信息对于加工工艺路径的设定、排版套料和数控加工的自动化起到了关键作用。

5.2.2　3D 打印技术驱动农宅智慧建造

除传统的砖石建筑、钢筋混凝土建筑和钢结构建筑之外，3D 打印建筑有望成为一种新兴的建筑体系，因此备受关注。清华大学团队成功研发了基于 3D 混凝土打印的房屋体系和适用于建筑打印的机械臂移动平台，并成功运用于农宅项目建造中 [152]。

此案例展示的 3D 打印农宅，无论是基础、墙体还是屋顶，都是通过 3D 打印建成的。并且在建造过程中，完全没有使用钢筋和模板，建筑的主体部分由混凝土叠层打印建成。

项目包括建筑方案的参数化设计、结构计算、水暖电设计、打印路径规划以及室内全装配化装修设计等多个阶段。项目流程涵盖了设计、结构分析、打印施工和内部装修。

3D 打印建筑，在过去首先最大的难点在于屋顶打印，设计团队通过合理的结构形式攻克了这一难题。混凝土最大的特点是抗压性能好，而单拱结构的受力特点就是轴向受压，可最大限度发挥混凝土的材料特性。而实现屋顶可打印，涉及三个概念：①拱顶形式是可打印的；②拱顶形式可以用单纯的混凝土材料建造；③轴向受压的结构形式是适用于混凝土材料的。这三点共同决定了农宅实现全 3D 打印的屋顶的思路，在项目的建造中，建筑师设计了单拱结构，充分发挥混凝土的抗压性能，从而实现了屋顶的 3D 打印（图 5-16）。

（a）混凝土 3D 打印施工现场　　　　　　　　（b）混凝土 3D 打印墙体

图 5-16　混凝土 3D 打印过程 [152]

第二个解决的难点是建筑基础打印的问题。设计团队首先打印 U 形槽壳作为基础的基本定位构件，然后通过机械臂填充混凝土后再进行墙体打印，解决了基础和墙体的连接性问题。

第三个解决的难点是主体部分和围护结构的连接问题。设计团队通过一系列建筑的构造节点，如塑钢门窗与打印墙体连接主要通过门套及窗套实现密闭，保证了建筑的气密性及连接的整体性，提升建筑的节能性能和保温性能（图 5-17）。

第四个解决的难点是室内装修。打印完成后，建筑内墙凹凸不平，设计团队采用全装配式的装修体系，构造的节点本身考虑了 3D 打印外墙特点，以内墙面板作为最终完成面，并在内墙面板和墙体间的空隙注入发泡保温材料，经济、高效地实现了室内部分的装修（图 5-18）。

在本次的农宅建造中，通过成功实施上述四项 3D 打印建筑目标，实现了建筑的快速构建，包括基础、墙体和屋顶。建筑采用了装饰、结构和保温一体化的外墙体系，提

图 5-17　塑钢门窗与打印墙体连接处理 [152]

（a）卧室装修效果　　　　　　　　　　　　　（b）客厅装修效果

图 5-18　农宅室内装修效果 [152]

高了建筑的节能性能和保温性能。同时呈现了当地常见的传统窑洞民居形式。从总体的效益来看，武家庄 3D 农宅在实现房屋建造基本要求的同时，获得了房屋使用者与当地村民的良好反馈，成为乡村农房品质提升的样板。

5.2.3　BIM 驱动医疗建筑智慧建造

某大型综合医院项目复杂，涉及专业繁多，通过基于 BIM 技术的虚拟建造技术，简化并保证了医院建造的全施工流程。对于项目流程的各复杂节点的仿真模拟指导现场完善施工，避免了施工过程中多专业共同施工时出现专业之间的碰撞、施工流程的重叠与冲突等耗时耗力的问题 [153]。

项目首先利用虚拟建造技术对项目整体实施规划，建立了权责清晰、分工明确的组织架构，将模型建立、过程管控与现场管理细化分工，分工图如图 5-19 所示；又根据大型医疗建筑特点，将虚拟建造的专项分为土建专项应用、机电专项应用、医疗专项应用与施工管理应用。

1）在项目的土建专项应用方面，根据施工不同阶段对于材料运输与施工界面的需求，针对性地进行施工场地空间布局安排，完善施工总平面的规划。通过 BIM 模型与虚拟建造技术结合分析工程图纸的架构与建造问题，并与设计院实时沟通，减少后期拆改（图 5-20）。

2）在机电专项方面，在搭设高大模板支撑架、临边部位操作架等特殊部位架体时，利用 BIM 模型剖切功能迅速获得关键位置剖面，直观反映净高与各个部件的空

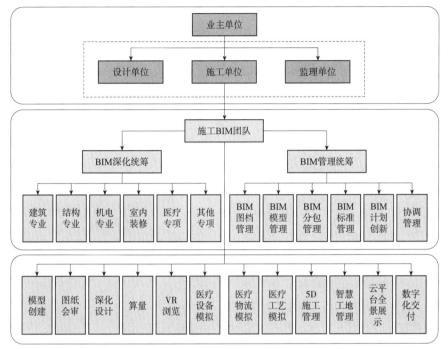

图 5-19　组织架构图 [153]

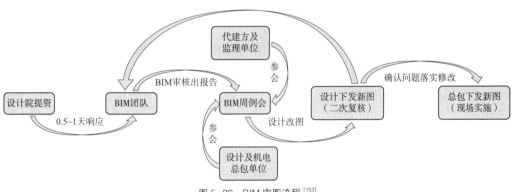

图 5-20　BIM 审图流程 [153]

间关系，也将其进一步导出为 CAD 图纸，与施工单位进行二次深化以及稳定性计算，形成了可视化架体搭设步骤，指导现场的施工进程。可制定 BIM 管线综合流程，统筹安排土建、机电、水、暖、电管线之间的位置，综合协调管线之间以及各项专业间的矛盾，出具各图纸，规划施工的次序。依据图纸整合专业预留洞口图，精确到洞口尺寸、位置及标高等，如图 5-21 所示。

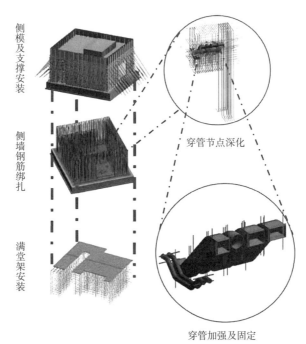

侧模及支撑安装

侧墙钢筋绑扎

满堂架安装

穿管节点深化

穿管加强及固定

图 5-21   BIM 协同管线安装过程 [153]

3）在项目的医疗专项应用中，利用虚拟建造技术对大型放射机房进行施工模拟，对医疗设备运输路线进行模拟。将机房大体积混凝土结构模型进行拆分，将直线加速器机房大体积混凝土分底板、侧墙、顶板非加厚区及顶板加厚区分步骤浇筑，在侧墙与底板及底板交界处留"几"字形施工缝，便于分步施工的同时满足射线防护要求。在 BIM 模型中建立施工节点模型，同时完成机电预留预埋设置和钢筋模型，提前解决各专业的碰撞问题，同时进行三维技术交底，避免施工错漏。项目的施工管理应用依托无人机技术和数字项目管理平台，定期、定坐标、定角度地对项目各个角度的全貌以及节点位置的施工情况留影，实时反馈施工过程中的形象进度变化，进一步建立项目全生命周期施工管理平台，对项目流程中各个专业的进度、质量、安全情况与线下业务流程接轨，实现施工管理数字化（图 5-22）。

4）在施工管理应用方面，本案例对大型综合医院施工进行全流程虚拟建造。通过 BIM 技术的应用，建筑质量得以提高，施工过程更加精确和安全。智慧工地的构建有助于提高管理效率，同时实现了节能和环保的目标。项目全过程中应用了多种智慧手段，包括 BIM 技术、VR 技术、智能设备监测、环境监测以及智慧工地的建设。这些手段有助于提高施工的效率和安全性，同时也支持了环境可持续性和资源管理。

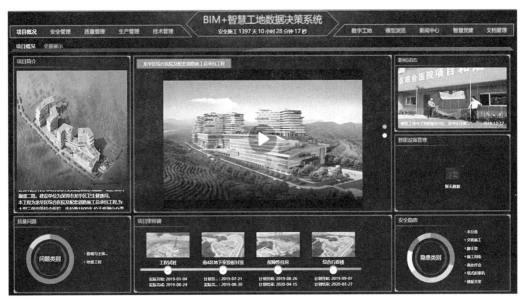

图 5-22　项目全生命周期施工管理平台 [153]

5.3　建筑智慧运维案例

5.3.1　办公室暖通系统智慧运维

案例提出了一种数据驱动的预测控制方法，耦合建筑环境时序预测和强化学习代理器，旨在实现办公室室内热环境与空调能耗之间的权衡。案例办公室面积超过 141.9m²，可容纳 25 人（图 5-23）。

办公室配备了专用的 VAV 系统，提供 3192CMH 的送风量以保持室温。空调采用空气处理机组（AHU），总送风风量为 14560CMH，为 11 个房

图 5-23　办公室实际场景 [155]

间提供冷风，房间的暖通空调运行时间为 08：30-18：40。办公室已安装楼宇管理系统。作为 BMS（Building Management System）的一部分，大楼安装了各种类型的物联网传感器，以自动收集有关建筑物能耗、暖通空调运行和室外天气状况的信息。这些传感器测量数据以 BACnet 协议检索存储。尽管部署了 BMS 来收集有关建筑物

房间 HVAC 功耗数据的信息，但由于建筑物的冷却系统配置不同且需要为建筑物内每个房间的每个空气处理单元部署传感器，本研究的能耗数据结合了"水温调节能耗"和"风机能耗"两个测量项目。办公室室内安装了独立的 IEQ 传感器来监测室内环境，同时通过 Wi-Fi 路由器连接设备数量核算室内在室人员数量[155]。收集的各类环境、设备、人员参数，如图 5-24 所示。

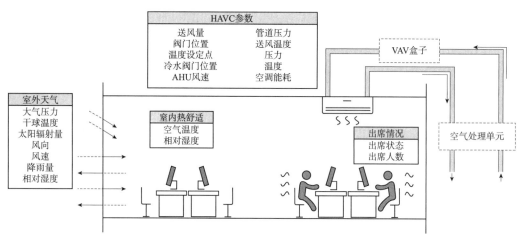

图 5-24　案例收集的环境，设备，人员数据类别 [193]

基于获取的空间运行数据，使用 16 种基于 LSTM 的神经网络架构开展温度、湿度、空调能耗预测模型构建。提出的架构网络包含了双向处理、卷积处理（CNN）和注意机制（AM）的不同组合（图 5-25）。通过对 16 种神经网络架构进行测试，确定最优预测模型。最终确定的温度预测模型架构为 CNN-LSTM-Time AM，湿度预测模型架构为 CNN-LSTM-Time AM，空调能耗预测模型架构为 BiLSTM-Dim AM。

随后使用最优时序预测模型构建强化学习代理器离线训练的交互式训练环境，在 Python 环境下选择 OpenAI-GYM 平台建立虚拟训练环境。对于任意时刻 t，虚拟训练环境从数据集中提取 S_t，然后输入到代理中接收动作 A_t，随后替换数据集中时间 t 的动作数据，从而实现对 HVAC 性能的预测。预测结果 P_{t+1} 替换数据集中时间 $t+1$ 的性能数据，然后从新数据集中提取 S_{t+1} 用于下一次迭代。

强化学习代理器的奖励函数的制定旨在寻找空调能耗与 PMV 值之间的最佳权衡，将控制情况分为办公室占用状态和非占用状态。在占用状态下需要同时对能耗和热舒适性进行控制，对其奖励加权求和，权重之和为 1。在非占用状态，仅需控制空调能耗最低，对能耗权重设置为 1 来保证与使用期相同的最大奖励。奖励函数如式（5-1）所示：

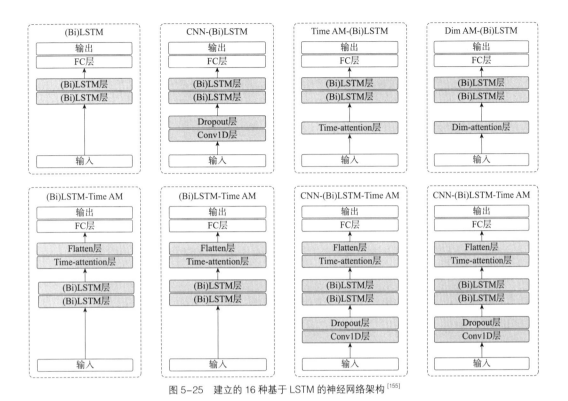

图 5-25　建立的 16 种基于 LSTM 的神经网络架构[155]

$$R=\begin{cases} (\alpha \times R_{\mathrm{E}}+\beta \times R_{\mathrm{T}}+0.2) \times 10 \mid \mathrm{occupancy}=1 \\ (R_{\mathrm{E}}+0.2) \times 10 \mid \mathrm{occupancy}=0 \end{cases} \qquad (5\text{-}1)$$

由于能耗的量化过程中分配了权重，因此其变化在 [-1，0] 之间，对其量化的公式如式（5-2）所示：

$$R_{\mathrm{E}}=-\mathrm{normalize}(\mathrm{energyconsumption}) \qquad (5\text{-}2)$$

接着应用 PMV 以及辅助的参数设置对热舒适度进行量化，依据室内温度与相对湿度，使用 python 调用 pythermalcomfort 库实时计算 PMV。依据 ASHRAE 标准 55-2020，室内舒适的可接受范围应调节 PMV 在 -0.5~0.5 之间，在此范围内的 PMV 值对应奖励设定为 0；奖励值的下限为 -1，设定对应 PMV 绝对值超过 1.5；当 PMV 绝对值在 0.5~1.5 之间，奖励值在 0~1 之间变动，如式（5-3）所示：

$$R_{\mathrm{T}}=\begin{cases} 0 \mid abs(PMV) \leqslant 0.5 \\ -abs(PMV) +0.5 \leqslant abs(PMV) \leqslant 1.5 \\ -1 \mid abs(PMV) \geqslant 1.5 \end{cases} \qquad (5\text{-}3)$$

强化学习代理器训练后，在虚拟环境中部署代理器执行空调代理控制，并与既有控制逻辑对比。结果表明，强化学习控制器控制下的冷却系统更早地开启了系统运行；

在开始时,现有控制器下的空调系统更早地达到了能耗的峰值,而强化学习控制器则会控制空调逐步供冷,降低了系统能耗,并保障热舒适性;同时代理器控制下的系统更早结束制冷,利用室内蓄热来保障热舒适性。相较目前办公室控制器而言,强化学习代理控制器下的 HVAC 系统在节能方面具备智能性和灵活性;与既有控制器相比,强化学习代理控制器可以节能 17%,热舒适度提升 16.9%。

本案例主要提出了一种真实数据驱动的预测控制方法,在暖通空调预测控制场景中提高了控制器的精度和稳定性。案例建立的强化学习控制器可以通过早期预热和早期关闭实现节能,同时实现更高水平的热舒适性和热稳定性。在智慧运维方面,支持了 HVAC 的数据驱动预测方法的扩展。

5.3.2　办公室通风系统智慧运维

本案例旨在通过数据驱动自然通风预测控制对室内的热环境和能源消耗进行改善。案例使用 MPC 代理控制系统对某办公楼内的典型办公场地开展实践。该办公场地为西向,外墙厚度 490mm,内墙厚度 240mm,属于典型的寒地办公建筑[157]。

室内温度场的预测模型是使用 LSTM 算法,利用 Google 开发的 TensorFlow 工具在 anaconda 平台上实现。LSTM 网络是一个时序预测的模型,分为训练和预测两个部分。训练是神经网络学习的过程,通过返回 loss 函数值,不断调整权重,达到学习的目的。预测的本质上是一个回归过程,即通过历史时刻的数值来预测下一时刻的数值。将预测值和实际值进行比较,可以用于检验 LSTM 网络的准确性。构建 LSTM 网络的步骤如图 5-26 所示,具体步骤如下。

1）首先需要一个数据集用于训练和检验。LSTM 模型的输入数据结构可以是多维向量,前提是选择与输出值相关的物理量。

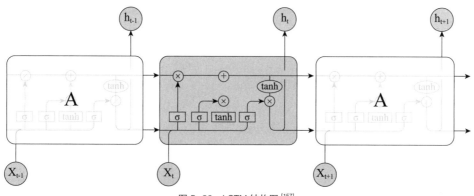

图 5-26　LSTM 结构图 [157]

2）读取数据文件后，先对数据进行归一化处理，然后将数据集划分为训练集和验证集两部分。

3）训练集和验证集分别用于训练过程和检验过程。通过训练集，让 LSTM 网络学习室内温度的时序变化特征。训练每一次迭代都将返回 loss 值，loss 值表示的是观测值与实际值的偏差。训练时，返回的 loss 函数值越小，代表观测值越接近实际值。迭代过程中 loss 函数值的降低，代表着训练模型逐渐收敛。

4）训练完成之后，利用该模型再预测后一时段内的室内温度，将预测值与验证集的数据进行比对，评估预测结果。评估标准包括标准误差（均方根误差）、绝对误差和拟合优度等。完整的 LSTM 时序预测过程即由上述部分组成。其中数据集由实测获得，数据处理和训练由 LSTM 算法完成，而最后的检验通过 SPSS 软件实现。

随后进行模型预测控制（MPC）展开自然通风策略进行模拟预测。MPC 存在三个要素：内部（预测）模型、参考轨迹、控制算法。经典的 MPC 控制逻辑如图 5-27 所示。

在本案例中，通过已经建立的动态模型，将 MPC 的输出视为控制信号，控制自然通风的开启或关闭。在 t 时刻，MPC 的输入信号为一个向量序列（T_1，t_1，Rh_1），（T_2，t_2，

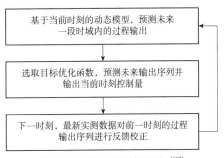

基于当前时刻的动态模型，预测未来一段时域内的过程输出

选取目标优化函数，预测未来输出序列并输出当前时刻控制量

下一时刻，最新实测数据对前一时刻的过程输出序列进行反馈校正

图 5-27 经典 MPC 控制逻辑[157]

Rh_2），…，（T_t，t_t，Rh_t）。其中，T_1 是记录开始时刻的室外温度，t_1 为记录开始时刻的室内温度，Rh_1 为记录开始时刻的室内湿度。而 T_t 为当前 t 时刻的室外温度，t_t 为当前 t 时刻的室内温度，Rh_t 为当前 t 时刻室内湿度。在 t 时刻，输入的是一个长度为 t 的三维向量序列，该序列为初始的训练集。

将 t 时刻的输入序列读取到对应的温度预测模型中，所谓对应的温度预测模型是指 t 时刻工况下对应的模型。根据对应模型预测得到下一个时刻 $t+1$ 时的温度，判断该温度是否在设定的舒适范围内。如果存在过冷或过热的情况，则可以开启加热或制冷。案例中的加热通过主动制热设备完成，制冷依据室外热环境状况判断是否开启自然通风。上述操作的判断依据为室外的空气温度与湿度，室外空气温度不能高于当前的舒适温度范围，露点温度不能高于 17℃。

本案例首先运用固定温度控制法，将办公室舒适温度范围设定为 25~26℃，实验重复进行 8h。接下来利用 MPC 模型对同一时间段进行智慧控制，实验同样进行 8h。

最终进行对比可以明显看出，预测控制通风方法控制下的室内温度波动范围更小，建筑室内处于热舒适范围内的时间更长（图 5-28）。

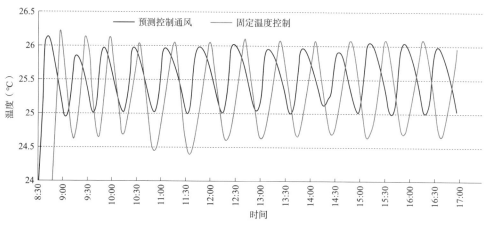

图 5-28　固定温度控制与 MPC 控制效果对比 [157]

该项目通过智慧预测的手段与传统手段进行比较，确定应用循环神经网络进行的 LSTM 算法基础的 MPC 代理控制系统可以①有效对建筑环境的温度进行调节；②验证自然通风的预测控制策略在寒地办公环境中的有效性；③提高办公建筑的能效，减少能源消耗；④增强室内热环境的舒适性，提供更好的工作环境。

5.3.3　零碳小屋智慧运维

本案例为某零碳小屋的智慧运维，旨在探索零碳排放、高度智能化的建筑运维模式（图 5-29）。

（a）零碳小屋鸟瞰图　　　　　　　　　　　　　　（b）零碳小屋俯视图

图 5-29　零碳小屋实景图 [159]

　　该项目采用了一系列先进的智慧技术和方法实现智能运维，包括但不限于①物联网（IoT）技术：使用传感器监测建筑内外的环境参数，如温度、湿度、能源使用情况等；②大数据分析：借助大数据分析，对采集到的数据进行处理和分析，以识别潜在的问题和优化运营策略；③可视化：通过零碳小屋数据中心，时刻展示室内环境状态、建筑可再生能源状态等；④智慧控制：对分析结果利用 AI 技术进行建筑系统的智能控制和优化，如能源管理、室内舒适度控制等；⑤依据远程监控和遥控可以通过远程监控平台对建筑设备和系统进行实时监测和远程控制。实施先进的能源管理系统，以最小化能源消耗，包括可再生能源的集成和能源储存。对于太阳能的应用，小屋使用"光伏 + 储能 + 充电桩"一体化的多元互补能源发电微电网系统，运用智能光导纤维式太阳光导入器，集高科技透镜集光、太阳跟踪、光导传送、安全照具于一体，将紫、红外线大幅拦截分离的绿色、环保、清洁的新型健康光源、新型能源（图 5-30）。

（a）零碳小屋光伏屋顶　　　　　（b）光导纤维式阳光导入器　　　　　（c）高科技透镜集光

图 5-30　零碳小屋多元互补能源发电微电网系统[159]

　　零碳小屋的围护结构采用了高效节能的材料（图 5-31），应用了热致调光玻璃。热致调光玻璃属于一种本体遮阳，当玻璃表面达到设定温度时产生雾化，起到本体遮阳的功能，当玻璃表面低于设定温度时就会慢慢变得透明。雾化状态下，玻璃的太阳得热系数降低 31%~76%，可以降低玻璃内表面温度和室内空调能耗；气凝胶保温，由耐高温内隔热层、中间保温层以气凝胶为保温隔热材料、外防护层组成，可减少40%~50% 的设备散热损失，其厚度仅为传统材料的 1/3~1/5；聚氨酯节能被动门窗，具有耐腐蚀性、抗弯强度高、耐磨、耐老化、不导热、无挥发等特点，且具备一定的耐火性等多项创新科技材料技术产品，围护结构综合节能提升 47.15%[159]。

　　零碳小屋的智慧运维取得了显著的成果。包括但不限于①零碳排放：项目成功实现了零碳排放，通过能源管理和优化实现了高度的能效；②舒适度提升：居住者可以在不同季节和天气条件下享受到高品质的室内舒适度；③节省成本：智能运维降低了

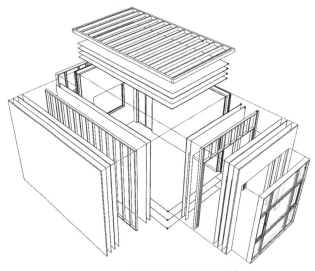

图 5-31　零碳小屋围护结构构造[159]

能源和维护成本，提高了建筑的经济可行性；④环保效益：通过减少能源消耗，项目有助于减少对环境的不良影响，促进可持续发展。

5.4　建筑多阶段综合案例

5.4.1　冰拱壳智慧设计与建造

　　案例是结合结构性表皮计算性设计及建造流程的设计项目。冰拱壳的形态设计灵感来源于中国东北地区户外的气候条件及场地需要，场地位于校园中的空地上，是师生在校园内穿行的必经之地，主要功能为作为一个冬季校园的景观亭，同时提供一定的交流空间及观赏作

图 5-32　冰拱壳真实建造效果[81]

用，如图 5-32 所示。形态顶部镂空，三面开洞，以最大限度保留开放的形态，也可有效减轻结构自重。结构材料的选择，遵循的原则是选用合适的材料来平衡结构受力。经过比选后，最终选择的结构材料为冰。在这种结构形式下，冰作为一种具有优良受压性及可砌筑性的可再生当地材料，在满足受力要求的前提下，可以尽可能地减少资源的消耗。

　　图 5-33 为冰拱壳的水平及竖向图解，之后设计者对形图解与力图解进行优化，使其达到水平均衡。求得平衡的过程是对图形的迭代求解，如果形态结构较为合理，则求解对应的参数会在迭代中逐渐收敛。在此过程中，设计者对于形图解和力图解的优先等级进行决策。最终通过内置算法对力学进行计算，达到竖向平衡和水平平衡。设计的薄壳高度为 1.8m，跨度最大处为 6m。

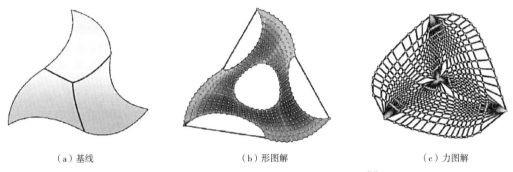

（a）基线　　　　　　　　　　（b）形图解　　　　　　　　　　（c）力图解

图 5-33　冰拱壳找形过程中的基线、形、力图解[81]

　　模型的结构性能在 Karamba3D 中进行有限元分析，对于结构性能进行进一步优化。壳体初始应力范围为 $-8.15 \times 10^{-2} \sim 2.00 \times 10^{-1} \mathrm{kN/cm^2}$，优化后的壳体应力范围为 $-2.75 \times 10^{-2} \sim 6.02 \times 10^{-2} \mathrm{kN/cm^2}$；壳体初始厚度为 1cm，优化后的厚度根据壳体截面的受力情况为 1~10cm[81]（图 5-34）。

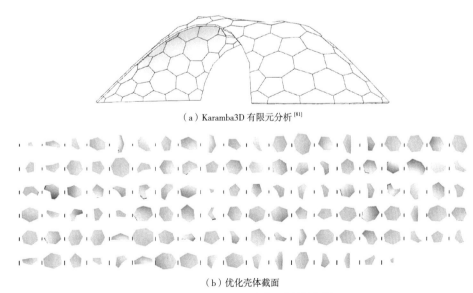

（a）Karamba3D 有限元分析[81]

（b）优化壳体截面

图 5-34　Karamba3D 有限元分析优化[81]

形态设计完成后，需要对单元面板进行划分生成，设计中选择了三角形网格对偶的方法生成面板，基于 Grasshopper 算法对壳体划分出的单元网格进行自动编号，提取出单元的平面，将其平铺于水平面上，以便检查核对。通过机械臂铣削冰材料为面板，如图 5-35 所示，最终生成了 117 块面板。

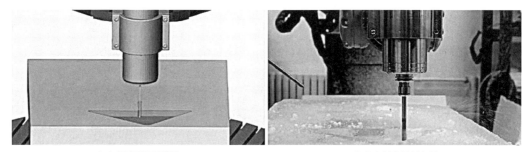

（a）机械臂铣削模拟　　　　　　　　　　　（b）机械臂铣削实景

图 5-35　机械臂铣削冰面板实验 [81]

主要加工流程为：①通过 Grasshopper 生成单元冰块模板；②根据单元模板尺寸制作的毛坯，在保证加工余量的同时，减少材料的浪费及机械加工的劳动量；③通过加工软件制作机械加工程序；④导入加工设备进行加工。

该项目设计了一套自动生成、优化调整的路径计算流程。首先将机械臂在物理环境中的坐标置入模拟仿真工具中，以确定初始位置。之后对运动轨迹进行设定，通过对机器人姿态调整，使机器人末端姿态与实际位置一致。在模拟仿真工具平台中可得到的数据有：机器人运动的路径、时间和速度等。

冰壳结构经过离散单元加工建造和现场装配建造，模板拆除后，拱壳结构得以稳定，并且保证了拱壳结构内侧全面的连续性。

在该冰壳结构的设计施工一体化实践中，智慧技术发挥的重要作用可体现为以下几个方面：①得益于数字化的流程，可直接计算出冰块及冰壳的体积为 $0.746m^3$、质量 672.3kg 以及每块模板的加工时间和速度；②机器人铣削在针对冰材料的成型中也有着较高的精度，特别是针对冰块边缘的倾斜构造和非直纹曲面的弧度方面；③经过将建成后效果与数字模型进行对比发现，单元背面突起程度及位置与数字模型中基本一致，一定程度上反映出该流程较高的建造精度。

5.4.2　博览中心智慧设计与建造

"叠幔馆"是某博览中心的主展馆，近 $20000m^2$ 的无柱空间是其主要建筑语言。在设计上，展馆自南向北划分为 4 个展厅，既分又合，既可以在大型展会时串联使用，又可以并联单独开启从而应对未来不同规模和性质的活动。考虑到独立展厅空间的空间感受和适用性，每个展厅采用了中高外低的空间断面，将主张弦梁布置于展厅中部，利用张弦梁进行起拱，实现空间需求。同时将张弦梁在顶部打开，引入天光，进一步结合结构提升空间品质。主张弦梁之间使用"悬链梁"的结构形式进行连接，这个结构形式原型来源于悬索结构，通过材料受拉让钢材的性能得以最大释放，但又不同于常规悬索结构需要大量的时间进行索形调整，项目用工字钢替换钢索，实现了材料的预找形。同时设计并不追求极致的结构形态的悬链线，而是将 230 根悬链梁统一优化为半径一致的圆弧段，很大程度上降低了加工难度和出错的概率。梁索互换同时大大降低了屋面的铺设难度，为施工界面的立体切分创造了条件[158]（图 5-36）。

图 5-36 "叠幔馆"悬链梁结构[158]

设计与建造一体化的逻辑在设计阶段得到了全面的梳理。结构形式的逻辑与辅助用房和机电系统的逻辑在 BIM 系统中得到了充分融合，结构的主空间进一步为辅助用房和机电系统提供了合理的通廊空间。而这一形式也同时实现了对结构施工单元的合理划分，在施工时先在主张弦梁部分进行临时的脚手支撑，所有的张弦梁都可以通过吊挂装配的方式进行施工，而不必占据地面空间，这样就可以实现地面和屋顶的同步施工。结构装配、屋面铺设、机电安装都可以在非常少的工作面切换后同步展开，极大地提高了工程效率。为了实现主展馆的快速建造，全预制装配建造成为首选思路。在结构部分，整体建筑结构被层层拆解为 8 根 A 字柱、4 根张弦梁、两段边缘弧梁，以及 230 根悬链梁，并且所有构件都经过有理化处理，以满足快速建造的要求（图 5-37）。

另外，异形张弦梁和半刚性悬垂系统带来了大量圆弧形构件和高空焊接作业。应对这一情况，在建造工艺上选择了柔性轨道焊接机器人现场焊接技术。柔性轨道可以附着于曲面构件上，经过简单的现场工作起始点示教后即可自动完成焊缝跟踪，节省了大量焊接劳动力的同时降低了高空作业风险（图 5-38）。在屋面部分，近 2 万 m² 的屋顶面积包括了 70 余万瓦片，为了实现快速施工，设计团队提出了预制瓦片模块的施工方案，每 18 块瓦片组成一个单元，所有的单元在地面上制作完成，在屋顶上仅 5 分钟即可安装完成一个单元，大幅提升了安装效率。在外立面部分，南北和东西

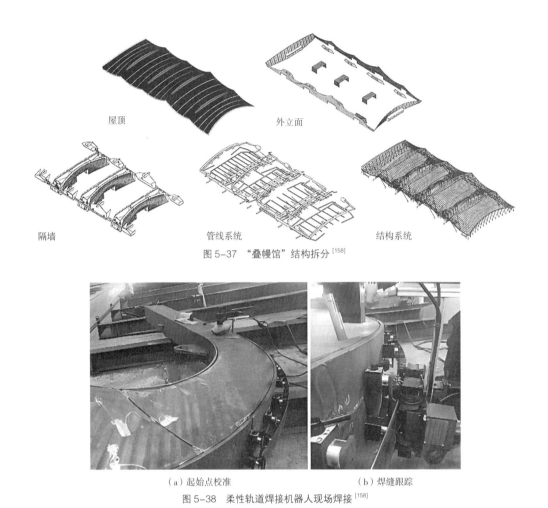

图 5-37 "叠幔馆"结构拆分[158]

（a）起始点校准   （b）焊缝跟踪

图 5-38 柔性轨道焊接机器人现场焊接[158]

采用了不同的限定方式，南北立面作为整个项目的主要仪式面，通过折叠展开的幕墙系统加以表现。

受结构布置影响，南北立面原始形态为双曲面，紧张的工期不支持大面积曲面玻璃的加工与安装，因此在设计时通过平面玻璃的叠错处理，从而最大化降低加工难度。而竖向叠错的模块化玻璃幕墙也最大化地消解掉了横向龙骨的划分，实现了南北立面的通透化。

在该展馆的设计建造过程之中，智慧技术发挥的重要作用可体现为以下几个方面：①利用智慧技术成功完善了设计与建造的一体化过程，很大程度上降低了加工难度和出错概率；②利用全预制装配建造为首选思路，快速地完成了场馆的建造过程。

5.4.3　办公园区工程全周期智慧化

项目由三个地块组成，每个地块内由 4 座 8 层办公楼构成一个建筑组团，主要功能为办公研发用房，并在 4 个楼座间设跨度为 16~28m 的室内连桥，形成交错互通的连接通道（图 5-39）。本项目总建筑面积为 470375.58m^2，其中地上建筑面积为 248186.32m^2，地下建筑面积 222189.26m$^{2[160]}$。

图 5-39　办公园区鸟瞰图[160]

在项目的设计、建设和运行过程之中全面应用了 BIM 技术，首先进行了全专业深化设计和综合管理。在主体结构深化设计过程中，主体结构的深化内容主要为：①通过 BIM 模型搭建辅助图纸会审，并及时反馈设计确保模型的准确性；②利用 BIM 可视化的优势，将复杂节点的二维图纸以三维模型的形式展示出来，技术人员对此处节点进行方案论证，并上传云端，对现场施工人员进行交底；③利用 BIM 参数化的优势对符合规范要求的超限梁、超限板等构件进行识别，辅助方案编制；④利用插件快速布置构造柱及圈梁，导出对应的深化图并打印，由设计院、监理单位签字盖章，下发劳务分包，指导现场施工。

钢结构的深化设计过程分为劲性钢柱、采光顶钢梁、连桥钢梁、室外钢桁架连桥、幕墙钢箱梁等。通过将 Tekla 模型转换为 BIM 模型，并由 Navisworks 进行各专业的整合，及时发现钢结构与各专业间的碰撞问题，进而得到有效的解决。

1）机电专业方面的深化内容主要为：通过 BIM 模型搭建及管线综合调整，及时发现并解决跨专业间的碰撞问题；定期组织 BIM 机电协调例会，与业主单位、设计院及监理单位沟通机电排布方案、优化思路等事项；对深化后的模型进行机电管线综合图、机电管线预留洞图、设备基础图、支吊架布置图、净高分析图等的绘制（图 5-40a）；利用 BIM 技术对安装高度交底的区域进行照度模拟，进而调整优化灯具高度，提高预期效果（图 5-40b）。

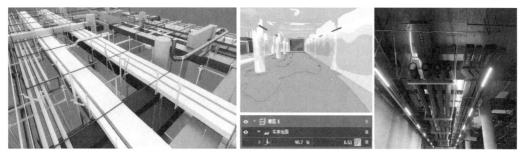

（a）支吊架自动布置　　　　　　　　　　　　　（b）照度模拟现场实际情况

图 5-40　基于 BIM 的机电深化内容 [160]

2）幕墙专业的深化内容主要为：利用 BIM 技术进行模型的深化设计，并采用 Navisworks 进行各专业模型整合，验证幕墙模型的系统构造及节点的设计情况，通过 BIM 模型更加直观地与设计单位，业主单位沟通协调并做出调整，大大提高了工作效率（图 5-41）。

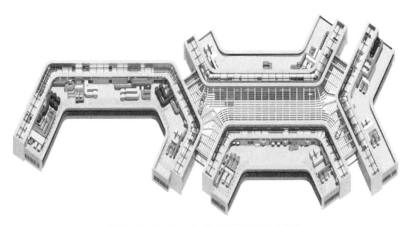

图 5-41　Navisworks 验证幕墙系统方案 [160]

3）装修专业的深化内容主要为：利用 BIM 作为精装修方案深化设计的工具，对重点房间及地下停车场等区域进行精装修模型建立，方便了精装修设计的家具、设备、材料的选型，提升了设计效率（图 5-42）。

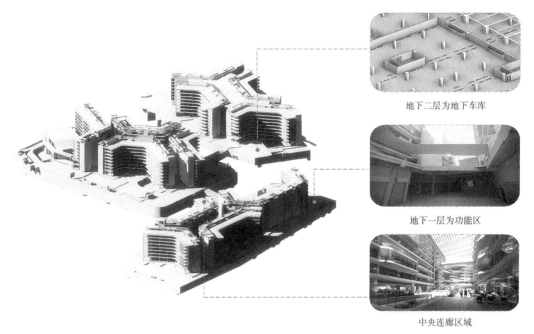

地下二层为地下车库

地下一层为功能区

中央连廊区域

图 5-42　基于 BIM 的室内装修深化设计 [160]

在施工管理中，BIM 技术提供了极大的辅助作用。①利用 BIM 可视化的优势辅助施工场地部署的优化，通过 BIM 技术对现场进行 1∶1 还原，并对施工现场的交通组织运输路线进行合理化分析，对各阶段的物料堆放进行合理化分析，实现各阶段的物料管理（图 5-43）；②BIM 辅助进度模拟，将实际工期与计划工期进行对比，用于项目例会讨论，基于 4D 实际工期展示，为大体量、多工作面、多专业协调的计划讨论带来了方便；③建设过程中的重难点方案的模拟，由于本项目体量大、劳务多，有很多危险，其中基础底板浇筑的实施是项目重点之一，项目利用 BIM 技术对基础底板的浇筑方案提前进行模拟，并对现场人员进行交底，保障了项目顺利实施。

同时，总部的建造过程中还充分发挥了 BIM 与多种智慧建造的综合应用。

（1）BIM+ 三维激光扫描：通过三维激光扫描对幕墙的预埋件进行精准地定位，辅助幕墙的安装，通过三维激光扫描对现场机电管线进行扫描，并将点云模型与深化后的机电管线模型的安装位置进行对比分析。通过分析其偏差原因，为后续机电安装做参考。

图 5-43　BIM 辅助场地部署优化[160]

（2）BIM+VR，MR 应用：项目对制冷机房施工采用 BIM+VR 技术进行交底，建立虚拟机房样板间，通过头戴和手持 VR 设备，使施工者立体感受设备、管线的安装过程（图 5-44）。

（a）机电管线模拟　　　　　　（b）虚拟机房设备　　　　　　（c）虚拟安装流程

图 5-44　VR 技术交底[160]

（3）BIM+ 智慧工地应用：包括智慧工地平台集成项目信息、数字工地、劳务管理、塔吊监控、环境监控、质量管理、安全管理、行为识别、党建等模块。主要目标是通过集成现场各个终端的数据，在平台进行显示，更好地对现场人员安全、设备安全、生活安全进行控制，提高生产管理及协同效率。

对于办公园区建成后的运维管理，案例以 BIM 模型及其信息为载体，将建筑中的各系统与 BIM 模型构件相关联，将智能设备捕获的应用数据通过云计算、物联网技术整合，对楼宇建筑的设备、空间、管线与三维图形的集成实现可视化智慧运维管理，让建筑成为拥有大脑的智慧平台。在施工后期，项目提前确认设施运维信息，通过 SQL 数据库进行设备参数录入和管理，并通过编码关联模型，做到数模分离的管理。设备数据库将与竣工模型共同交付，并接入至阿里巴巴智慧建筑平台，作为后期设备管理的数据基础。

在智能楼宇专业进场后，项目提前和设计、施工、专业分包梳理与智能楼宇相关的设计接口，并基于 BIM 模型开展协同设计和管理，对设计方案进行优化；利用智能设备在 BIM 模型和物理世界形成"数字孪生"，所有监测数据均可在模型中可视化展示，并可用于楼宇使用的决策依据；在施工后期，项目提前确认设施运维信息，通过 SQL 数据库进行设备参数录入和管理，并通过编码关联模型，做到数模分离的管理。设备数据库将与竣工模型共同交付，并接入至阿里巴巴智慧建筑平台，作为后期设备管理的数据基础。

在项目施工过程中，借助 BIM 技术将复杂工程可视化，利用三维模型模拟施工过程，使各专业协同工作，及时发现问题并调整设计，避免施工浪费，以降低风险，有效地提高了项目施工深化设计质量和效率；通过 BIM 技术的应用，辅助项目施工总承包管理，实现了多专业、多参与方的协同工作，有效地解决了各专业间的接口问题，避免了在施工中出现问题；利用 BIM 信息协同管理平台，能够实时掌握施工进度，降低质量和安全问题，提升沟通和决策效率，节约成本，有效地避免施工过程中的数据孤岛等一系列问题，进而保障了项目顺利实施。

5.5　本章小结

本章以工程实践案例为导向，展示了智慧建筑与建造技术在建筑工程全生命周期中的应用。所选择的智慧建筑案例覆盖从住区规划、单体形态、结构体系、围护结构甚至建筑机电设施的智慧实践场景，而楼宇的使用效果也再次证实了应用智慧方法与技术对建筑性能与建筑运行质量的综合提升。

参考文献

[1] 张军平. 人工智能的发展与未来方向 [J]. 国家治理，2019（4）：3-6.

[2] 李晓理，张博，王康，等. 人工智能的发展及应用 [J]. 北京工业大学学报，2020，46（6）：583-590.

[3] 蔡自兴，徐光. 人工智能及其应用 [M]. 北京：清华大学出版社，1987.

[4] 李忠富. 建筑工业化概论 [M]. 北京：机械工业出版社，2020.

[5] 李晨，张秦. 建筑信息化设计 [M]. 北京：中国建筑工业出版社，2019.

[6] Apanaviciene R, Shahrabani M M N. Key factors affecting smart building integration into smart city：Technological aspects[J]. Smart Cities，2023，6（4）：1832-1857.

[7] 孙澄，邵郁，董宇，等. "智慧建筑与建造"专业教学体系探索 新工科理念下的建筑教育思考 [J]. 时代建筑，2020（2）：10-13.

[8] 徐兴声. 智能建筑的发展与可持续发展方向 [J]. 建筑学报，1997（6）：20-22+65.

[9] 沈育祥，蔡增谊，王玉宇，等. 智慧建筑设计标准：T/ASC 19-2021[S]. 北京：中国建筑工业出版社，2021.

[10] Lee J H, Ostwald M J, Kim M J. Characterizing smart environments as interactive and collective platforms：A review of the key behaviors of responsive architecture[J]. Sensors，2021，21（10）：3417.

[11] 周绪红. 智能建造关键技术研究 [J]. 建筑，2023（6）：26-28.

[12] Dakheel J A, Pero C D, Aste N, Leonforte F. Smart buildings features and key performance indicators：A review[J]. Sustainable Cities and Society，2020，61：102328.

[13] 丁烈云. 向数字化方向转型是必然趋势 [J]. 建筑，2022（18）：57.

[14] Hajji R, Oulidi H J. Building information modeling for a smart and sustainable urban space[M]. Hoboken：Wiley，2021.

[15] 丁士昭. 国际生命周期工程项目顾问（全过程工程咨询）产生背景和发展趋势探讨 [J]. 中国勘察设计，2023（9）：14-17.

[16] Lazarova-Molnar S, Mohamed N. Collaborative data analytics for smart buildings：opportunities and models[J]. Cluster Computing-The Journal of Networks Software Tools and Applications，2019，22（Suppl 1）：1065-1077.

[17] 孙澄，韩昀松. 基于计算性思维的建筑绿色性能智能优化设计探索 [J]. 建筑学报，2020（10）：88-94.

[18] Sigurdsson S A. Implementations of quantum algorithms for solving linear systems[D]. Delft：Delft University of Technology，2021.

[19]　李诚 . 营造法式图样 [M]. 北京：中国建筑工业出版社，2007.

[20]　Frazer J. An evolutionary architecture[M]. London：Architectural Association，1995.

[21]　孙澄，韩昀松，任惠 . 面向人工智能的建筑计算性设计研究 [J]. 建筑学报，2018（9）：98-104.

[22]　Bornberg R. Urban India：Cultural Heritage，Past and Present[M]. Switzerland：Springer Nature，2023.

[23]　庄典 . 面向数字化节能设计的动态建筑信息建模技术研究 [D]. 哈尔滨：哈尔滨工业大学，2019.

[24]　MVRDV. Sun Rock[J].CONCEPT，2022，275：88-93.

[25]　Wu Y，Yang A，Tseng L，et al. Myth of ecological architecture designs：Comparison between design concept and computational analysis results of natural-ventilation for Tjibaou Cultural Center in New Caledonia[J]. Energy and Buildings，2011，43（10）：2788-2797.

[26]　Alexander C. A pattern language：towns，buildings，construction[M]. Oxford：Oxford University Press，1977.

[27]　He W. Urban experiment：Taking off on the wind of al[J]. Architectural Design，2020，90（3）：94-99.

[28]　Chaillou S. Archigan：Artificial intelligence x architecture[C]. The 1st International Conference on Computational Design and Robotic Fabrication（CDRF 2019），Singapore，2020：117-127.

[29]　Leach N. Architecture in the age of artificial intelligence—An introduction to AI for architects[M]. NewYork：Bloomsbury Visual Arts，2022.

[30]　朱姝妍，马辰龙，向科 . 优化算法驱动的建筑生成设计实践研究 [J]. 南方建筑，2021（1）：7-14.

[31]　Hua H，Hovestadt L，Tang P，Li B. Integer programming for urban design[J]. European Journal of Operational Research，2019，274（3）：1125-1137.

[32]　Tabadkani A，Shoubi M V，Soflaei F，Banihashemi S. Integrated parametric design of adaptive facades for user's visual comfort[J]. Automation in Construction，2019（106）：102857.

[33]　Jiang S，Wang M，Ma L. Gaps and requirements for applying automatic architectural design to building renovation[J]. Automation in Construction，2023（147）：104742.

[34]　Sharif S A，Hammad A，Eshraghi P. Generation of whole building renovation scenarios using variational autoencoders[J]. Energy and Buildings，2021（230）：110520.

[35]　Weber R E，Mueller C，Reinhart C. Automated floorplan generation in architectural design：A review of methods and applications[J]. Automation in Construction，2022（140）：104385.

[36]　孙澄，韩昀松 . 绿色性能导向下的建筑数字化节能设计理论研究 [J]. 建筑学报，2016（11）：89-93.

[37]　杜明义 . 城市空间信息学 [M]. 武汉：武汉大学出版社，2012.

[38]　Tang P，Huber D，Akinci B，et al. Automatic reconstruction of as-built building information models from laser-scanned point clouds：A review of related techniques[J]. Automation in Construction，2010，19（7）：829-843.

[39]　吴信才 . 大型三维 GIS 平台技术及实践 [M]. 北京：电子工业出版社，2013.

[40]　张文彤，盛洪涛，刘奇志，等 . 城市三维建模技术规范：CJJ/T 157-2010：[S]. 北京：中国建筑工业出版社，2011.

[41]　Hajji R，Oulidi H. J. Building information modeling for a smart and sustainable urban space[M]. London：John Wiley & Sons，2022.

[42] Shahzad M, Zhu X X. Robust reconstruction of building facades for large areas using spaceborne TomoSAR point clouds[J]. IEEE Transactions on Geoscience and Remote Sensing，2014，53（2）：752-769.

[43] Lehtola V V, Kaartinen H, Nüchter A，et al. Comparison of the selected state-of-the-art 3D indoor scanning and point cloud generation methods [J]. Remote sensing，2017，9（8）：796.

[44] 殷青，王春兴，韩昀松. 基于多视角图像的建筑环境信息建模方法 [J]. 哈尔滨工业大学学报，2021，53（2）：104-110.

[45] Miliaresis G, Kokkas N. Segmentation and object-based classification for the extraction of the building class from LIDAR DEMs[J]. Computers & Geosciences，2007，33（8）：1076-1087.

[46] 傅筱. 从二维走向三维的信息化建筑设计 [J]. 世界建筑，2006（9）：153-156.

[47] 黄强，程志军，张建平，等. 建筑信息模型应用统一标准：GB/T 51212-2016[S]. 北京：中国建筑工业出版社，2017.

[48] 李一叶. BIM 设计软件与制图：基于 Revit 的制图实践 [M]. 重庆：重庆大学出版社，2017.

[49] Bilal S, Willy S, Anthony W. Measuring BIM performance：Five metrics[J]. Architectural Engineering and Design Management，2012，8（2）：120-142.

[50] 孙澄，韩昀松，庄典. "性能驱动"思维下的动态建筑信息建模技术研究 [J]. 建筑学报，2017（8）：68-71.

[51] Veloso P, Krishnamurti R. Spatial synthesis for architectural design as an interactive simulation with multiple agents[J]. Automation in Construction，2023（154）：104997.

[52] 李飚，韩冬青. 建筑生成设计的技术理解及其前景 [J]. 建筑学报，2011（6）：96-100.

[53] 郭梓峰. 功能拓扑关系限定下的建筑生成方法研究 [D]. 南京：东南大学，2018.

[54] Du T, Turrin M, Jansen S，et al. Gaps and requirements for automatic generation of space layouts with optimised energy performance[J]. Automation in Construction，2020（116）：103132.

[55] 李飚. 建筑生成设计：基于复杂系统的建筑设计计算机生成方法研究 [M]. 南京：东南大学出版社，2012.

[56] Arvin S A, House D H. Modeling architectural design objectives in physically based space planning[J]. Automation in Construction，2002，11（2）：213-225.

[57] Dino I G. An evolutionary approach for 3D architectural space layout design exploration [J]. Automation in Construction，2016（69）：131-150.

[58] Nauata N, Chang K H, Cheng C Y，et al. House-GAN：Relational generative adversarial networks for graph-constrained house layout generation[C]. Computer Vision - ECCV 2020：16th European Conference，Glasgow，2020：162-177.

[59] Chang K H, Cheng C Y, Luo J，et al. Building-GAN：Graph-conditioned architectural volumetric design generation [C]. 18th IEEE/CVF International Conference on Computer Vision（ICCV），Electr Network，2021：11956-11965.

[60] Zheng H, Yuan P F. A generative architectural and urban design method through artificial neural networks[J]. Building and Environment，2021（205）：108178.

[61] Meng S. Exploring in the latent space of design：A method of plausible building facades images generation，properties control and model explanation base on styleGAN2[C]. 3rd International

Conference on Computational Design and Robotic Fabrication（CDRF），Shanghai，2022：
55-68.

[62] Sun C，Zhou Y，Han Y. Automatic generation of architecture facade for historical urban renovation using generative adversarial network[J]. Building and Environment，2022（212）：108781.

[63] 孙澄，曲大刚，黄茜. 人工智能与建筑师的协同方案创作模式研究：以建筑形态的智能化设计为例[J]. 建筑学报，2020（2）：74-78.

[64] 韩昀松. 严寒地区办公建筑形态数字化节能设计研究[D]. 哈尔滨：哈尔滨工业大学，2016.

[65] 刘大龙，刘加平，侯立强，等. 气象要素对建筑能耗的效用差异性[J]. 太阳能学报，2017，38（7）：1794-1800.

[66] Li Y，O'Neill Z，Zhang L，et al. Grey-box modeling and application for building energy simulations-A critical review[J]. Renewable and Sustainable Energy Reviews，2021（146）：111174.

[67] Sun C，Liu Q，Han Y. Many-objective optimization design of a public building for energy，daylighting and cost performance improvement[J]. Applied Sciences，2020，10（7）：2435.

[68] Weerasuriya A U，Zhang X，Wang J，et al. Performance evaluation of population-based metaheuristic algorithms and decision-making for multi-objective optimization of building design[J]. Building and Environment，2021（198）：107855.

[69] 吴信才. 大型三维 GIS 平台技术及实践[M]. 北京：电子工业出版社，2013.

[70] 王占刚，朱希安. 空间数据三维建模与可视化[M]. 北京：知识产权出版社，2015.

[71] As I，Pal S，Basu P. Artificial intelligence in architecture：Generating conceptual design via deep learning[J]. International Journal of Architectural Computing，2018，16（4）：306-327.

[72] Hua H. A case-based design with 3D mesh models of architecture[J]. Computer-Aided Design，2014，57：54-60.

[73] 涂文铎. 建筑智能化生成设计法演化历程[D]. 长沙：湖南大学，2019.

[74] 刘倩倩. 方案设计阶段建筑高维多目标优化与决策支持方法研究[D]. 哈尔滨：哈尔滨工业大学，2020.

[75] 李久林，魏来，王勇，等. 智慧建造理论与实践[M]. 北京：中国建筑工业出版社，2015.

[76] 董淑钊. 智慧建造视角下建设工程项目物资集约化管控研究[D]. 镇江：江苏科技大学，2022.

[77] 杨宇沫. 基于 BIM 的装配式建筑智慧建造管理体系研究[D]. 西安：西安科技大学，2020.

[78] 袁烽，张立名，高天轶. 面向柔性批量化定制的建筑机器人数字建造未来[J]. 世界建筑，2021（7）：36-42+128.

[79] Farsangi E N，Noori M，Yang T，et al. Automation in construction toward resilience：Robotics，smart materials and intelligent Systems[M]. Boca Raton：CRC Press，2023.

[80] 徐卫国. 数字建构[J]. 建筑学报，2009（1）：61-68.

[81] 贾永恒，孙澄，董琪. 非线性结构表皮的计算性设计研究及建造实践[J]. 建筑学报，2023（2）：69-73.

[82] 肖莹莹. 基于数字建造的复杂曲面建构优化策略研究[D]. 大连：大连理工大学，2022.

[83] 王聪. 结构性能驱动的建筑数字化设计与建造一体化方法研究[D]. 哈尔滨：哈尔滨工业大学，2020.

[84] Menges A. Material computation：Higher integration in morphogenetic design[J]. Architectural Design，2012，82（2）：14-21.

[85] 高伟哲，孙童悦，袁烽．天府农博园"瑞雪"：互承木构壳体的机器人建构实践 [J]. 建筑学报，2023（10）：62-71.

[86] 张海潮，余光鑫．力学找形逻辑下的数字化设计和建造实践 [J]. 南方建筑，2023（7）：96-106.

[87] 王丽佳．基于 BIM 的智慧建造策略研究 [D]. 宁波：宁波大学，2013.

[88] 袁烽，胡雨辰．人机协作与智能建造探索 [J]. 建筑学报，2017（5）：24-29.

[89] Khalil G. RFID technology：Design principles，applications and controversies[M]. New York：Nova Science，2018.

[90] 肖本海，卓胜豪，彭剑华．基于 BIM 的工程数字化建管平台应用研究 [C]. 第八届全国 BIM 学术会议，深圳，2022：4.

[91] 袁红，付飞，姚强，等．基于 GIS+BIM 技术的中心型轨道站点地下空间设计 [J]. 地下空间与工程学报，2020，16（S2）：517-526.

[92] 陈翀，李星，邱志强，等．建筑施工机器人研究进展 [J]. 建筑科学与工程学报，2022，39（4）：58-70.

[93] Elsacker E，Sondergaard A，Van Wylick A，et al. Growing living and multifunctional mycelium composites for large-scale formwork applications using robotic abrasive wire-cutting[J]. Construction and Building Materials，2021，283：122732.

[94] Pan Y，Zhang Y，Zhang D，et al. 3D printing in construction：state of the art and applications[J]. The International Journal of Advanced Manufacturing Technology，2021，115（5）：1329-1348.

[95] Kanan R，Elhassan O，Bensalem R. An IoT-based autonomous system for workers' safety in construction sites with real-time alarming，monitoring，and positioning strategies[J]. Automation in Construction，2018（88）：73-86.

[96] 王丹阳，李晓文，柴茂，等．5G+NB-IoT 技术在智慧工地的革新应用 [C]. 第八届全国 BIM 学术会议，深圳，2022：5.

[97] 刘占省，邢泽众，刘双诚．基于 LoRa 技术的装配式建筑智能建造仿真模拟方法研究 [J]. 建筑技术，2020，51（11）：1305-1311.

[98] 丁烈云，徐捷，覃亚伟．建筑 3D 打印数字建造技术研究应用综述 [J]. 土木工程与管理学报，2015，32（3）：1-10.

[99] 邹国强．基于增强现实技术的辅助预制化建筑构件搭建的探索 [J]. 重庆建筑，2019，18（12）：57-58.

[100] 刘勇．VR、AR 在建筑工程信息化领域的应用 [J]. 土木建筑工程信息技术，2018，10（4）：100-107.

[101] Seo J，Han S，Lee S，Kim H. Computer vision techniques for construction safety and health monitoring[J]. Advanced Engineering Informatics，2015，29（2）：239-251.

[102] 韩晓健，赵志成．基于计算机视觉技术的结构表面裂缝检测方法研究 [J]. 建筑结构学报，2018（S1）：418-427.

[103] Lei X，Liu C，Du Z，Zhang W，Guo X. Machine learning-driven real-time topology optimization under moving morphable component-based framework[J]. Journal of Applied Mechanics，2019，86（1）：011004.

[104]　Ulu E，Zhang R，Kara L B. A data-driven investigation and estimation of optimal topologies under variable loading configurations[J]. Computer Methods in Biomechanics and Biomedical Engineering：Imaging & Visualization，2016，4（2）：61-72.

[105]　雷俊. 基于智慧建造技术的建筑施工 HSE 监控与预警研究 [D]. 西安：西安建筑科技大学，2020.

[106]　Gao T，Gu S，Zhang L，et al. Research on 3D Printing Craft for Flexible Mass Customization：The Case of Chengdu Agricultural Expo Center[C]//World Congress of Architects. Cham：Springer International Publishing，2023：465-480.

[107]　Lu M，Zhu W R，Yuan P F. Toward a collaborative robotic platform：FUROBOT[C]//Architectural Intelligence：Selected Papers from the 1st International Conference on Computational Design and Robotic Fabrication（CDRF 2019）. Springer Singapore，2020：87-101.

[108]　Melenbrink N，Werfel J，Menges A. On-site autonomous construction robots：Towards unsupervised building[J]. Automation in construction，2020，119：103312.

[109]　Dindorf R，Woś P. Innovative solution of mobile robotic unit for bricklaying automation[J]. Journal of civil engineering and transport，2022，4（4）.

[110]　Li R Y M，Li R Y M. Robots for the construction industry[J]. An Economic Analysis on Automated Construction Safety：Internet of Things，Artificial Intelligence and 3D Printing，2018：23-46.

[111]　陈翀，李星，邱志强，等 . 建筑施工机器人研究进展 [J]. 建筑科学与工程学报，2022，39（4）：58-70.

[112]　徐卫国，张宇，高远 . 机器人 3D 打印技术在公园建造中的应用——深圳宝安 3D 打印公园打印建设介绍 [J]. 建筑技艺，2022，28（7）：82-5.

[113]　施逸群 . 基于数字孪生的艰险山区悬索桥建造过程虚拟仿真研究 [D]. 成都：西南交通大学，2022.

[114]　马德朴，马宁格，金晋磎 . 柱子作为空间标记——现实增强在数字建造与装配中的应用研究 [J]. 建筑学报，2019（4）：35-38.

[115]　Alexander K. Facilities Management：Theory and Practice[M]. London：Routledge，2013.

[116]　Yu L，Xu Z，Zhang T，et al. Energy-efficient personalized thermal comfort control in office buildings based on multi-agent deep reinforcement learning[J]. Building and Environment，2022，223：109458.

[117]　仲文洲，张彤 . 弗雷德里克·基斯勒关于建筑环境调控的身体性建构 [J]. 建筑学报，2023（6）：97-103.

[118]　徐磊青，杨公侠 . 环境心理学——环境、知觉和行为 [M]. 上海：同济大学出版社，2002.

[119]　张若诗，庄惟敏 . 信息时代人与建成环境交互问题研究及破解分析 [J]. 建筑学报，2017（11）：96-103.

[120]　中国房地产业协会，国家建筑信息模型（BIM）产业技术创新战略联盟 . 智慧建筑评价标准：T/CREA 002-2020[S]. 北京：中国建筑工业出版社，2020.

[121]　李麟学 . 热力学建筑原型 [M]. 上海：同济大学出版社，2019.

[122]　Pincott J，Tien P W，Wei S，et al. Indoor fire detection utilizing computer vision-based strategies[J]. Journal of Building Engineering，2022（61）：105154.

[123]　江亿 . 光储直柔——助力实现零碳电力的新型建筑配电系统 [J]. 暖通空调，2021，51（10）：1-12.

[124]　陈清焰 . 居住建筑室内通风策略与室内空气质量营造 [J]. 暖通空调，2016，46（9）：143-144.

[125] Tabadkani A, Roetzel A, Li H X, et al. Simulation-based personalized real-time control of adaptive facades in shared office spaces[J]. Automation in Construction, 2022, 138: 104246.

[126] Wang Z, Yu Y, Feeley C, et al. A route optimization model based on building semantics, human factors, and user constraints to enable personalized travel in complex public facilities[J]. Automation in Construction, 2022 (133): 103984.

[127] 郑展鹏, 窦强, 陈伟伟. 数字化运维 [M]. 北京: 中国建筑工业出版社, 2019.

[128] 吴一凡, 孙弘历, 段梦凡, 等. 性能可调围护结构国际发展综述及应用思考 [J]. 建筑科学, 2021 (37): 186-192.

[129] Cirani S, Ferrari G, Picone M, et al. Internet of things: architectures, protocols and standards[M]. Hoboken: John Wiley & Sons, 2018.

[130] Floris A, Porcu S, Girau R, et al. An IoT-based smart building solution for indoor environment management and occupants prediction[J]. Energies, 2021, 14 (10): 2959.

[131] Ngarambe J, Yun G Y, Santamouris M. The use of artificial intelligence (AI) methods in the prediction of thermal comfort in buildings: Energy implications of AI-based thermal comfort controls[J]. Energy and Buildings, 2020, 211: 109807.

[132] 陈燕安, 陈少军, 丛福龙, 等. 深圳市新华医院项目智慧工地创新技术应用 [J]. 建筑施工, 2024, 46 (2): 161-163+172.

[133] Koch C, Neges M, König M, et al. Natural markers for augmented reality-based indoor navigation and facility maintenance[J]. Automation in Construction, 2014 (48): 18-30.

[134] Cheng M Y, Chiu K C, Hsieh Y M, et al. BIM integrated smart monitoring technique for building fire prevention and disaster relief[J]. Automation in Construction, 2017 (84): 14-30.

[135] Dong B, O' Neill Z, Li Z. A BIM-enabled information infrastructure for building energy Fault Detection and Diagnostics[J]. Automation in Construction, 2014 (44): 197-211.

[136] Zhuang D, Wang T, Gan V J L, et al. Supervised learning-based assessment of office layout satisfaction in academic buildings[J]. Building and Environment, 2022 (216): 109032.

[137] Swathika O G, Karthikeyan K, Padmanaban S. Smart buildings digitalization: IoT and energy efficient smart buildings architecture and applications[M]. Boca Raton: CRC Press, 2022.

[138] 万蓉凤, 修春波, 卢少磊. 基于 ZigBee 技术的风速测量系统的设计 [J]. 中南大学学报 (自然科学版), 2013, 44 (S1): 162-165.

[139] Solanki A, Nayyar A. Green building management and smart automation[M]. Hershey: IGI Global, 2019.

[140] 周小林, 张永刚, 钟永卫, 等. 建筑自动化和控制系统: GB/T 28847.5-2021[S]. 北京: 中国标准出版社, 2021.

[141] 姜子炎, 代允闯, 江亿. 群智能建筑自动化系统 [J]. 暖通空调, 2019, 49 (11): 2-17.

[142] 罗琼. 计算机科学导论 [M]. 北京: 北京邮电大学出版社, 2016.

[143] 赵丙峰, 庄中霞. 建筑设备 [M]. 北京: 中国水利水电出版社, 2007.

[144] 中华人民共和国住房和城乡建设部建筑电气与智能化通用规范: GB 55024-2022[S]. 北京: 中国建筑工业出版社, 2022.

[145] Jung D, Lee D, Park S. Energy operation management for smart city using 3D building energy

information modeling[J]. International Journal of Precision Engineering and Manufacturing, 2014, 15: 1717-1724.

[146] 刘博元, 范文慧, 肖田元. 决策支持系统研究现状分析 [J]. 系统仿真学报, 2011, 23 (S1): 241-244.

[147] Xiao F, Fan C. Data mining in building automation system for improving building operational performance[J]. Energy and buildings, 2014, 75: 109-118.

[148] 曲大刚. 深度学习驱动的建筑概念方案体量生成设计研究 [D]. 哈尔滨: 哈尔滨工业大学, 2021.

[149] 孙澄, 韩昀松, 王加彪. 建筑自适应表皮形态计算性设计研究与实践 [J]. 建筑学报, 2022 (2): 1-8.

[150] 孙澄, 丛欣宇, 韩昀松. 基于 CGAN 的居住区强排方案生成设计方法 [J]. 哈尔滨工业大学学报, 2021, 53 (2): 111-121.

[151] 孙澄, 杨阳, 韩昀松. 数字化加工制造 P-BIM 技术框架研究——以钢结构建筑为例 [J]. 新建筑, 2014 (4): 136-140.

[152] 徐卫国. 从数字建筑设计到智能建造实践 [J]. 建筑技术, 2022, 53 (10): 1418-1420.

[153] 廖浩, 龙洪, 杨春, 等. 大型综合医院虚拟建造技术研究与应用 [J]. 中国建筑金属结构, 2022 (8): 34-36.

[154] Jiang F, Ma L, Broyd T, et al. Digital twin and its implementations in the civil engineering sector[J]. Automation in Construction, 2021, 130: 103838.

[155] Dian Z, Gan V J L. V, Zeynep T D, et al. Data-driven predictive control for smart HVAC system in IoT-integrated buildings with time-series forecasting and reinforcement learning[J]. Applied Energy, 2023, 338.

[156] ASHRAE. ANSI/ASHRAE Standard 55-2020, Thermal environment conditions for human occupancy[S]. NewYork: American Society of Heating, Refrigerating and Air-conditioning Engineers, 2020.

[157] 张岩. 基于 MPC 的寒地办公空间过渡季自然通风控制策略研究 [D]. 哈尔滨: 哈尔滨工业大学, 2019.

[158] 袁烽, 张立名, 马慧珊. 生形、模拟、优化、建造——乌镇 "互联网之光" 博览中心的人机协作数字建构实践 [J]. 建筑学报, 2020 (8): 5-11.

[159] 陈维灯. 缙云山上有座零碳小屋 [N]. 重庆日报, 2021-12-22 (008).

[160] 赵宇鹏, 李丹, 丁海龙, 等. 阿里巴巴北京总部项目基于 BIM 技术的综合管理 [C]// 中国图学学会. 2021 第十届 "龙图杯" 全国 BIM 大赛获奖工程应用文集. 北京优比智成建筑科技有限公司; 中建三局集团有限公司; 中建三局第一建设工程有限责任公司, 2021: 10.

[161] 王学浩. 新型科技企业总部设计策略和发展趋势研究 [D]. 天津: 天津大学, 2018.

[162] Li B. A Generic House Design System: Expertise of Architectural Plan Gene – rating[A]. the 12th International Conference on Computer Aided Architectural Design Research in Asia[C]. 2007: 191-198.

[163] Day C, Hauck A, Haymaker J, et al. Space plan generator: rapid generation & evaluation of floor plan design options to inform decision making[C]// Proceedings of the 36th Annual Conference of the Association for Computer Aided Design in Architecture, Ann Arbor, 2016, pp. 106-115.

[164] 刘永华. 计算机网络原理及应用 [M]. 北京: 中国铁道出版社, 2011.

图书在版编目（CIP）数据

智慧建筑与建造导论 = Introduction to Smart
Building and Construction /孙澄编著. --北京：中
国建筑工业出版社，2024.9. --（住房和城乡建设部"
十四五"规划教材）（中国建筑学会计算性设计专业委员
会推荐教材）（高等学校智慧建筑与建造专业系列教材）.
ISBN 978-7-112-30237-6

Ⅰ.TU18

中国国家版本馆CIP数据核字第2024KF3963号

为了更好地支持相应课程的教学，我们向采用本书作为教材的教师提供课件和
相关教学资源，有需要者可与出版社联系。
建工书院：https: //edu.cabplink.com
邮箱：jckj@cabp.com.cn　电话：（010）58337285

责任编辑：王　惠　陈　桦
责任校对：赵　力

住房和城乡建设部"十四五"规划教材
中国建筑学会计算性设计专业委员会推荐教材
高等学校智慧建筑与建造专业系列教材

智慧建筑与建造导论
Introduction to Smart Building and Construction
孙　澄　编著
*
中国建筑工业出版社出版、发行（北京海淀三里河路9号）
各地新华书店、建筑书店经销
北京雅盈中佳图文设计公司制版
北京云浩印刷有限责任公司印刷
*
开本：787毫米×1092毫米　1/16　印张：15　字数：284千字
2024年12月第一版　2024年12月第一次印刷
定价：49.00元（赠教师课件）
ISBN 978-7-112-30237-6
　（43631）